Stéphane Reynaud

365

bonnes raisons
de passer à table...

獻給我摯愛的孩子們和依莎
今年我們一天要吃四頓，來彌補我們沒能共享的每一餐。

感謝瑪麗‧皮耶，下次我們找出 600 個理由，讓自己高興一下！
「少了瑪麗‧皮耶的照片，就像吃酸白菜沒喝啤酒，雖然香腸在，但滋味不長久！」

感謝荷西……和尼諾，我們終於讓你從繪圖桌前脫身了。
「插圖沒有荷西，就好比十一月第三個星期四沒有薄酒萊新酒一樣毫無用處。」

感謝永遠能提出寶貴建議的傑克，你太強了！
「一本書缺了傑克，無異是沒有朋友共享的餐宴，怎麼可能嘛！」

感謝蘿絲，在此致上最高敬意。
感謝艾曼紐，我特別到蒙特婁看你，也完成了這本書。
感謝芙蘿，maururu roa hoa！（◎譯註：玻里尼西亞語，感謝之意。）
感謝奧瑞麗：電子郵件聯絡不到的女人！
感謝愛樂蒂：我很喜歡這些刀具，燉鍋也太好用了……啊，妳覺得我要歸還嗎？

感謝所有和我一樣享受生活的人，活著真好！
感謝所有和我一樣愛笑的人，大笑最棒！
感謝所有和我一樣愛布利起司（brie）的人，布利太美味了！

史堤芬

Stéphane Reynaud

365

bonnes raisons
de passer à table...

365個
- 歡喜用餐的 -
好理由

ALMANACH PERPÉTUEL DE CUISINE

365

個歡喜用餐的好理由

肚子餓了，要吃什麼？有什麼可以吃？

沒錯，從早上吃麵包塗奶油開始，這類細瑣的老調便不斷重複出現，架構出我們的日常生活。我們為了做菜絞盡腦汁，晚餐像謎題，最怕看到空空如也的平底鍋，或是孤伶伶地面對餐盒……這些已經是過去式。時機到了，我們要配合大自然的腳步，輕輕鬆鬆解決這些問題。

今年，市場為你們而開，當令食材來來去去。

生蠔和潮汐玩捉迷藏，蔬菜用傳統方式放進熱鍋。這時該用蔬菜牛肉湯來暖胃，我們臉色紅潤，「燉肉和蔬菜應該列入社會福利給付項目」。廚房裡，濛著霧氣的玻璃上有人寫下留言，天也黑了。豬肉品質鮮美，新鮮可口，而再等幾個星期，我們還有香腸享用。山巔積了白雪，各式起士讓人垂涎欲滴，我們喝起熱紅酒。華人五彩繽紛的農曆年色香味俱全，世界各地的美食紛紛來報到。2月14日，我們要在星空下或是枕頭上相愛，熱切到肌膚為之燃燒……抱歉我離題了，趕緊拉回廚房……

春天重回大地，葉子隨之甦醒，放眼望去綠意盎然，圓滾滾的蔬菜嫩芽探出頭來，我們吃得健康，夏天的腳步近了。

蘆筍宛如一排立正站好的士兵，牛群聽到復活節的鐘聲為牠們響起。紅潤鮮嫩的草莓在飯後散發出誘人的香味，窗戶都開了。天氣很好，萬物隨著季節輪替，宛如健美先生小姐一樣茁壯成長，真是太棒了！我們把桌子搬到戶外，生起第一堆碳火，肉質緊實的沙丁魚和自信有餘的司法一樣毫不妥協，鯖魚穿上了條紋外衣，像塗了髮蠟一樣閃亮，串燒用的叉子都磨尖了，刺穿不夠謹慎的大蝦。碳火和烤肉越燒越旺，女孩的裙子越穿越短。

盛宴的時刻到來，受洗、領聖餐、幫奶奶過生日，讓我們換個口味，光上一道西班牙燉飯當主菜，喔耶！櫻桃也來慶祝。旅行車桌上的甜瓜堆成金字塔，像是打算用來對抗巨人的彈珠。空氣中瀰漫著一股防曬乳液的味道，鮮魚從岸邊跳進廚房，和耐不住橄欖油而彎腰的蔬菜相遇，大蒜、百里香、迷迭香全都備妥。

新學期來到，大家剪短頭髮，買了球鞋，摘幾朵香菇，準備好書包，栗子脫去長滿毛刺的外殼，鉛筆削尖，蘋果季一到又該烤水果塔。我們和朋友敘舊，接著是互寄卡片的季節。市場上看得到讓人引以為傲的葫蘆瓜，是要焗烤還是煮湯呢，總之全得吃完。我們從洗衣店裡取回高領毛衣，這時該開小火慢燉，廚房的窗戶再次濛上霧氣，鑄鐵小燉鍋擺到了爐子上，廚房開始冒汗。

街上的燈光有節慶氣氛，櫥窗裡豐富的商品讓我們看得目不暇給，松露旁邊放著螯蝦，小龍蝦和鵝肝醬談情說愛，一旁的扇貝沒有作聲，那也好。相信我，當扇貝把大嘴完全張開時，整個布列塔尼都會開始歡唱……扇貝在沙灘上半遮半掩，更勾人慾望，當它們終於現身後，我們絕不放手。松樹穿上冬衣了。我們正式下廚，戴上廚師帽，看到漂亮的藍色雞腳……上香檳！！！

史堤芬

january

時令蔬果
甜菜根
縐草萵苣
菊芋
韭蔥
紫蕪菁
防風草根
馬鈴薯
蕪菁
芹菜
各式甘藍：綠甘藍、捲葉白甘藍、紫甘藍
紅蘿蔔
紫色紅蘿蔔
櫻桃蘿蔔
苦白苣
柳橙
鳳梨

魚貝蝦蟹
現流鱸魚
生蠔
淡菜
鱈魚

肉類及肉製品
牛里脊肉
牛小排
牛肩肉
牛尾
帶髓牛骨
烤小牛肉
烤豬肉
布列斯母雞
帶骨火腿
生火腿
煙燻培根
風乾鴨胸肉
西班牙辣香

精緻美食
烏魚子
半熟肥肝醬

乳酪
康堤
老博福特
藍紋洛克福

february

時令蔬果
菊芋
紫蕪菁
防風草根
紫薯
韭蔥
馬鈴薯
芹菜
大白菜
橘色紅蘿蔔
紫色紅蘿蔔
柳橙
鳳梨
香蕉
生薑

魚貝蝦蟹
蛤蜊
扇貝
螯蝦

肉類及肉製品
牛排
烤牛肉
豬五花肉
豬腰內肉
羊肩肉
鴨胸肉
生火腿
里昂式熟香腸
迪歐香腸
土魯斯香腸
薄鹽豬肋排
薄鹽梅花肉
莫爾托香腸

乳酪
康堤
拉可雷特
薩瓦省多姆乳酪
瑞布羅申
博福特
愛蒙塔爾
康果優特軟乳酪

精緻美食
薩瓦省蕎麥方塊麵

march

時令蔬果
綠甘藍
馬鈴薯
荷蘭豆
四季豆
豌豆
蠶豆
小蕪菁
櫻桃蘿蔔
捲葉綠甘藍
洋菇
小紅蘿蔔

魚貝蝦蟹
狗魚
鮟鱇魚
花枝
淡菜
竹蟶
野生棕鱒

肉類及肉製品
羊腿肉
羊肩肉
烤牛肉
小牛肝
土雞
小牛肉
法式內臟腸（5A級）
小牛腳
生火腿
煙燻培根
西班牙辣香腸
風乾鴨胸肉

乳酪
聖摩爾山羊乳酪
羊乳酪

精緻美食
普宜地區特產綠色小扁豆
義大利乾麵捲
笛豆
罐裝蝸牛

008 280

054 326

100 370

july

時令蔬果
茄子
櫛瓜
各色番茄
小黃瓜
彩椒
芹菜
茴香
大頭蔥白
菠菜
蝦夷蔥
生菜
新鮮香料
芝麻菜
杏子
桃子
油桃
蘋果

魚貝蝦蟹
白梭吻鱸
鱸魚
牙鱈
鱈魚
各式礁岩魚類
紅鯔魚

棱子蟹
鯛魚
花枝
章魚
蝦子

肉類及肉製品
鴨胸肉
腰內肉
雞肉
義式醃豬五花肉捲

乳酪
莫札瑞拉水牛乳酪
瑞可達
新鮮山羊乳酪
帕瑪

精緻美食
千層麵皮

august

時令蔬果
茄子、彩椒
櫛瓜
四季豆
櫻桃蘿蔔
番茄、小黃瓜
花椰菜
芹菜
大頭蔥白
蘆筍
蠶豆
茴香
萵苣
芝麻菜
甜菜芽
新鮮香料
杏子
紫皮無花果
紅醋栗

魚貝蝦蟹
鯛魚、小比目魚
明蝦
鱈魚
田雞腿
竹蟶、章魚
鳥蛤、淡菜
狗蛤、蛤蜊
熟風螺
蜘蛛蟹
黃道蟹
油漬沙丁魚
油漬鯷魚

肉類及肉製品
烤牛肉
羊腿肉
莫爾托香腸
烤熟的小牛肉
牛肩胛
義式醃豬五花肉捲
小鴨肉

乳酪
帕瑪
莫札瑞拉水牛乳酪

精緻美食
千層麵皮

september

時令蔬果
彩椒
櫛瓜
茄子
芹菜
紅洋蔥
馬鈴薯
四季豆
番茄
玉米
生菜
嫩菠菜
新鮮香料
雞油菇
牛肝菌
秀珍菇
紫皮無花果
綠皮無花果
西洋梨

魚貝蝦蟹
小蝦
青鱈
鯛魚

肉類及肉製品
各式肉製品
雞肉
漢堡排
小牛肉片
鴨胸
煙燻培根
帶骨火腿
生火腿

乳酪
康堤
拉可雷特

精緻美食
圓米
千層麵皮
栗子泥
栗子

april | may | june

時令蔬果
皺葉萵苣
番茄
茄子
茴香
芹菜
荷蘭豆
四季豆
大頭蔥白
豌豆
白蘆筍、綠蘆筍
蠶豆
紅蘿蔔
嫩菠菜
櫻桃蘿蔔
覆盆子
草莓

魚貝蝦蟹
鮭魚
黑線鱈魚
秋姑
淡菜

明蝦
狗魚
小蝦

肉類及肉製品
羊腿肉
羊肩肉
土雞
小牛後臀肉
小牛胸腺
小牛肋排
生火腿
煙燻培根

乳酪
各式羊乳酪

精緻美食
義式玉米糕
義大利阿柏里歐燉飯米
油封禽胗

時令蔬果
彩椒
紫色朝鮮薊
番茄
大頭蔥白
豌豆、蠶豆、荷蘭豆
小蕪菁
綠蘆筍
嫩菠菜、芝麻菜
茴香
小黃瓜
新鮮香料
覆盆子、草莓
哈密瓜
大黃

魚貝蝦蟹
淡菜
明蝦、小龍蝦
魷魚、小管
蛤蜊、竹蟶
牙鱈、黃鱈

魴魚
鮭魚

肉類及肉製品
牛肋排
羊肋、後腰肉
兔肉
小牛腳
小牛五花肉
鴨胸肉
烤小牛肉
西班牙辣香腸

乳酪
佩柯里諾綿羊乳酪
帕瑪
馬斯卡朋
聖馬瑟林

精緻美食
卡馬格圓米、紫米
白小扁豆（乾）

時令蔬果
櫛瓜
彩椒
大頭蔥白
番茄
小黃瓜
茄子
蠶豆
荷蘭豆
豌豆
四季豆
綠蘆筍
芝麻菜
豆芽
苜蓿
新鮮香料
櫻桃
大黃
草莓、覆盆子
藍莓

魚貝蝦蟹
鯖魚
沙丁魚

燻鮭魚
鮪魚
鯷魚片
小管、花枝
鮋魚

肉類及肉製品
牛排
小牛肉片
雞肉
兔肉
鴨肉
牛絞肉
煙燻培根
豬脖子肉
豬肋排
羊腿肉

精緻美食
義大利阿柏里歐燉飯米
粗磨小麥

146　190　236
414　460　504

---

october | november | december

時令蔬果
葫蘆瓜
南瓜
紅蘿蔔
芹菜
韭蔥
洋蔥
牛肝菌
洋菇
新鮮香料
小皇后蘋果
果乾
香蕉
無花果乾

魚貝蝦蟹
鳥蛤
長鰭鮪魚片
鯛魚
油漬鯷魚

肉類及肉製品
野豬
鹿肉

雉雞
雞肉
羊肩肉
燉牛肉
牛頰肉
小牛腿
燻豬肩肉
豬肋排
烤小牛肉
帶油鴨肉、鴨油
西班牙辣香腸
燻培根
燻鴨胸肉

乳酪
帕瑪森乳酪

精緻美食
蝸牛
阿柏里歐燉飯米
番茄糊
栗子泥

時令蔬果
南瓜
甜菜
花椰菜
馬鈴薯
蘋果
法國白豆
番茄
芹菜
蒔蘿
紅蘿蔔
洋菇
蕪菁
茴香

魚貝蝦蟹
魟魚
鮭魚
小管

肉類及肉製品
雞肉
小牛腰子
小牛頭肉

烤牛肉
豬里脊
烤豬肉
珠雞
鴿肉
血腸
豬肋排
豬腳
土魯斯香腸
莫爾托香腸
油封鴨
牛絞肉
羊脛腱肉
生火腿
牛肚
羊頸肉

乳酪
康堤

精緻美食
杜松子果
普宜地區特產綠色小
小扁豆

時令蔬果
茴香
紅蘿蔔
韭蔥
馬鈴薯
松露
蘋果
芹菜
青芒果
豆芽
花豆
柳橙
柚子

魚貝蝦蟹
鱸魚
螯蝦
小龍蝦
扇貝
魴魚
鮋魚
海膽
灰康吉鰻
各式礁岩魚類
擬鱸

肉類及肉製品
雞肉
新鮮肥肝
雞胸肉
火鍋用牛肉片
牛腹肉排
白肉腸
鴨油
土魯斯香腸
煙燻培根

乳酪
帕瑪

精緻美食
艾佩特粗麥
栗子樹蜂蜜
肉桂

January

時令蔬果
甜菜根
纈草萵苣
菊芋
韭蔥
紫蕪菁
防風草根
馬鈴薯
蕪菁
芹菜
各式甘藍：綠甘藍、
皺葉甘藍、白甘藍、紫甘藍
紅蘿蔔
紫色紅蘿蔔
櫻桃蘿蔔
苦白苣
柳橙
鳳梨

魚貝蝦蟹
現流鱸魚
生蠔
淡菜
鱈魚

肉類及肉製品
牛里脊肉
牛小排
牛肩肉
牛尾
帶髓牛骨
烤小牛肉
烤豬肉
布列斯母雞
帶骨火腿
生火腿
煙燻培根
風乾鴨胸肉
西班牙辣香腸

精緻美食
烏魚子
半熟鵝肝醬

乳酪
康堤
老博福特
藍紋洛克福

01 新年	02 巴西流	03 珍妮薇
排毒湯	甘藍菜豆芽沙拉	紅蘿蔔柳橙蔬果泥
08 路西安	09 亞列克斯	10 紀堯姆
國王餅	培根煎蛋	苦白苣拌黑橄欖
15 雷米	16 馬曼	17 蘿絲琳
包心菜湯	油醋鮮香料韭蔥	芹菜檸檬蔬果泥
22 文森	23 伯納	24 弗朗索瓦
傳統蔬菜牛肉湯	肝醬佐菊芋	普羅旺斯燉菜鍋
29 吉達	30 馬丁	31 瑪賽兒
纈草萵苣、甜菜根與蘋果	薄片甜菜根	蜂蜜烤鳳梨

04
奧狄

燉雞湯

05
愛德華

鱸魚佐防風草根泥

06
美蘭

生蠔佐米醋

07
雷蒙

鳳梨片

11
赫騰斯

蘭姆酒巴巴蛋糕

12
塔蒂安娜

防風草根炒辣香腸

13
依維特

甘藍豬肉捲

14
妮娜

淡菜

18
佩斯卡

榛果香奶油生蠔

19
馬利烏斯

苦白苣火腿捲

20
塞巴斯提安

苦白苣、藍紋洛克福
與核桃

21
愛格妮斯

亞岱士風格煎馬鈴薯

25
保羅

苦白苣鱈魚

26
保羅爾

牛里脊佐根莖蔬菜

27
安琪

冬日烤小牛肉

28
湯瑪士

熔岩巧克力蛋糕

01 02 03 04

◎編註：本書採用天主教聖人曆，每日皆有一位代表聖人。

瑪麗 & 雷昂

新年快樂 & 油煎馬鈴薯

在瓦許果家，1月1日早上起床不是件容易的事，因為前一天的除夕夜沒讓人失望。雷昂掙扎醒來，不知時間幾點也不知身在何處；最後才勉強認出自己原來是睡在電視機前面的沙發床上。若不是蓋著舒適又溫暖的毯子，他免不了要感冒，這一定是瑪麗——他溫柔的妻子——體貼為他蓋上的。簡單來說，雷昂的鼾聲只打擾到自己夢裡的人，妻兒也避開了他足以疏通嚴重鼻塞的口臭。雷昂真是被寵壞了，該怎麼辦呢？

第一個解決方案是什麼也不辦，不要做任何可能引發頭痛的動作，拉上窗簾，忘了自己活像被寒流凍壞的老海牛一樣縮在被窩裡。你先關掉手機，恭賀新年的簡訊可以過幾個小時再看（特別是朋友熱情地想提醒你午夜脫衣舞跳得有多精采），接著吞下一整瓶阿斯匹靈，準備直接進入1月2日。這個最簡便的方案會導致……怎麼說才好呢……家裡氣氛略嫌緊繃……「瑪麗，別生氣！」

第二種解決方案則是直接勇敢面對現實。親愛的小兒子凱文起床就會興高采烈提醒你，任何沒有節制的行為都會帶來痛苦的後果。這時你的腦袋和肚子齊聲合唱：「我病了，病入膏肓……」該是採取行動了。沖個澡吧，冷水、熱水，轉動開關讓自己燙一下、凍一下，把自己刷得乾乾淨淨之後重新上場。排毒早餐讓你腸胃恢復正常運作，就這麼簡單，像變魔術一樣，你重生了。昨晚的消化不良一掃而空，這會兒你又生龍活虎，準備到瑪麗蓮阿姨家吃午餐了。身強體健的人都會選類似1960年代長途自行車之旅的開胃品，來罐溫啤酒吃點糖再出發……喔，對了：雷昂，別開機，你那群好朋友已經想聯絡你了……你也知道是為了什麼事！

01
jan

排毒湯
6人份

慢跑30分鐘
準備時間15分鐘
烹調時間45分鐘

4 顆洋蔥
3 根韭蔥
1 根芹菜 *
3 湯匙橄欖油
2 顆阿斯匹靈
1 場慢跑
鹽及胡椒

下午一點還清醒不了，你的雙眼和灌滿氦氣的氣球一樣腫，嘴巴的口氣和大雨沖刷整夜的下水道出口同樣清新，西藏銅鑼的回音在腦袋裡轟隆隆作響，雙腳還堂堂皇皇地套在襪子裡。你是除夕夜的手下敗將，現在，你要戰勝1月1日。吞下兩顆阿斯匹靈，徹底刷好牙，然後去慢跑，好好流一身汗。回家後，將洋蔥去皮後切絲，韭蔥、芹菜切細，以橄欖油起油鍋，加入 1.5ℓ 水後放入材料煮 45 分鐘，調味。利用烹煮時間好好沖個澡，以排毒湯和生芹菜洗淨這一天。

* 留下少許生芹菜咀嚼也很好！

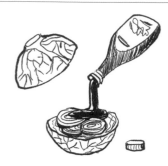

02 jan

甘藍菜豆芽沙拉*

6人份

準備時間15分鐘

1/2 顆白甘藍
1/2 顆紫甘藍
1 把龍蒿
10cl 橄欖油
2 湯匙醬油
1 湯匙番茄糊
1 湯匙番茄醬
1 顆紅蔥頭
鹽及胡椒

＊這道菜會怎麼出錯？依我看，唯一搞砸的可能性是甘藍菜切得太粗，然後扔進整顆沒切的紅蔥頭。

所有甘藍切成細絲，紅蔥頭去皮切碎。將橄欖油、醬油、番茄糊和番茄醬混和攪拌。摘下龍蒿葉片。將所有材料拌勻調味。

03 jan

紅蘿蔔柳橙蔬果泥

6人份

準備時間15分鐘
烹調時間45分鐘

800g 紅蘿蔔
2 顆柳橙 ＊
125g 奶油
鹽之花、胡椒

＊變化版：紅蘿蔔和小茴香是好搭檔，可以隨興加入。

紅蘿蔔削皮後切成圓片。柳橙刨下皮絲後榨汁。紅蘿蔔與柳橙皮絲煮30分鐘後瀝乾。加入奶油和柳橙汁後打成泥，最後調味。

04 jan

燉雞湯

6人份

準備時間15分鐘
烹調時間1小時

1 隻布列斯母雞（最讚的品種！）＊
3 條紅蘿蔔
3 條紫皮紅蘿蔔
3 塊防風草根
3 根韭蔥
6 顆蕪菁
1 顆塞 3 顆丁香的洋蔥
1 根芹菜
1 束法國香草束 ＊
鹽之花、胡椒

＊布列斯母雞的特色：高品質的母雞，會對你拋媚眼，剛取下的雞爪是漂亮的淺藍色，頭上頂著鮮紅小雞冠。我們把布列斯母雞當鑽石看待，還在雞身裝飾珠寶，讓牠戴上保護者的戒指……啊，不，是生產者大名的珠寶，炫耀地貼上三色標章，雞脖子上戴著認證封印。布列斯母雞絕對完美。

◎編註：法國香草束，常見的是由百里香、月桂葉加上其他香草組合而成，可依個人喜好加上鼠尾草、迷迭香、羅勒等香草，再使用料理用棉線綁在一起即可。

所有蔬菜皆須去皮。將芹菜塞入雞身。將全雞放進大燉鍋內，蔬菜散放在雞的四周，加入提味用的法國香草束。加水覆蓋所有材料，不必加蓋，小火燉煮 1 小時後以鹽之花調味。食材搭配醃黃瓜和重口味芥末食用。雞湯另外以小玻璃杯飲用。

06 jan

生蠔佐米醋
6人份

準備時間30分鐘

36 顆 pousse en clair 頂級生蠔
（到 David Hervé 店裡買！）
1 把櫻桃蘿蔔
20cℓ 米醋
5cℓ 日本清酒
少許條裝日本山葵醬（Wasabi）

準備這道菜色有幾個重點：記得多買幾顆生蠔，來點冰鎮白葡萄酒，身邊還要有個發號司令的同伴。櫻桃蘿蔔去皮後切成小長條狀。清酒加熱後燒去酒精 *，和米醋拌勻，加入櫻桃蘿蔔和日本山葵醬。動手開生蠔，倒掉前兩顆生蠔的水份，吃下第三顆生蠔，稍事休息（意外總是在眨眼間發生），繼續處理材料（我指的是生蠔不是葡萄酒！）。以 1 匙櫻桃蘿蔔米醋佐生蠔享用。

＊為什麼要燒去清酒的酒精？因為我們要的是沒有酒精的清酒香味。

05 jan

鱸魚佐防風草根泥
6人份

準備時間15分鐘
烹調時間30分鐘

6 片新鮮現流鱸魚 *
800g 防風草根
2 顆洋蔥
20cℓ 液狀鮮奶油
少許肉豆蔻
1 顆檸檬
1 顆紅蔥頭
1/2 把扁葉巴西里
橄欖油
鹽及胡椒

以鑷子（要乾淨的！）取掉魚刺。檸檬刨下皮絲後榨汁。扁葉巴西里切碎，紅蔥頭去皮切碎，混和上述材料和檸檬皮絲，做成義式檸檬醬 **。防風草根及洋蔥去皮後切碎，放入加滿水的平底深鍋中，加入檸檬汁煮30 分鐘。材料瀝乾後加入液狀鮮奶油和肉豆蔻，攪拌均勻後調味。以橄欖油煎鱸魚（以魚片厚度決定該煎多久 ***）。佐以防風草根醬，再撒上義式檸檬醬即可上桌。

＊為什麼要用現流鱸魚？因為養殖鱸魚滋味平淡肉質鬆弛，而現流鱸魚不但更鮮美，肉質也更緊實。

＊＊義式檸檬醬（gremolata）是什麼？這種檸檬醬混和了巴西里、大蒜、柳橙類水果的皮絲，一般用來調味，常搭配燉牛膝。以義式檸檬醬為基底，可加上帕瑪森乳酪，或以紅蔥頭取代大蒜、加上松子……

＊＊＊如何判斷魚片熟了沒有？魚肉開始要散開時，就表示熟了。

07 jan

鳳梨片
6人份

準備時間15分鐘

1 顆漂亮的鳳梨
10cℓ 白蘭姆酒
1 支香草筴
1 顆綠檸檬
50g 糖

＊如何用最簡單的方法削鳳梨皮去鳳梨眼？用有鋸齒的傳統麵包刀削皮，再用削刀挑除鳳梨眼。

以鋸齒刀削去鳳梨皮，挖去鳳梨眼 *切片，儘可能切薄。將白蘭姆酒和糖放入平底深鍋中拌勻。剝開香草筴刮出香草籽，加入蘭姆酒中加熱，燒去酒精，再放入檸檬皮絲和檸檬汁。鳳梨片擺盤，淋上檸檬蘭姆酒。

08 jan

國王餅
6人份

準備時間35分鐘
烹調時間20分鐘

2 片千層派皮
100g 烘焙用杏仁粉
100g 糖
100g 奶油
2 顆蛋外加 1 個蛋黃
烘焙用苦杏仁濃縮萃取香精 1 湯匙糖粉
1 個國王餅小瓷偶

將 100g 杏仁粉、100g 糖、100g
預先融化的奶油和 2 顆蛋攪拌混
和。加入幾滴苦杏仁濃縮萃取香
精。將杏仁餡放在擀平的千層派皮
* 中央，以烘培刷沾水塗在派皮邊
緣。蓋上第二片擀平的派皮後，壓
緊兩片派皮。以上層派皮的圓心為
中心點，拿小刀輕劃出圓花切痕，
抹上蛋黃。放置冷藏 30 分鐘 **。
烤爐預熱至 180℃，將材料放入烘
烤 20 分鐘，取出後先撒上糖粉，
再繼續烤 5 分鐘。你這時才發現自
己忘了把小瓷偶放進派餅裡，甭緊
張：從櫃子左下方第三個抽屜裡把
用了四年的小瓷偶拿出來，先洗乾淨
（杏仁餡很容易沾黏），然後小心
地從派餅邊緣塞進去，沒有人會發
現的！！

**✻法文術語是 Une
abaisse de pâte**

**✻✻ 為什麼在放進烤
爐前要先冷藏？**讓千
層派皮先定型，烤的
時候才能適度蓬鬆。

油脂

之前　　　之後

09 jan 培根煎蛋

6人份

準備時間10分鐘
烹調時間10分鐘

12 顆蛋
200g 煙燻五花肉丁
1 顆口味溫和的白洋蔥
少許葡萄酒醋
少許鹽及胡椒

煙燻五花肉丁以水煮沸 5 分鐘後瀝乾 *。洋蔥去皮切碎。以平底不沾鍋煎五花肉丁和切碎的洋蔥。輕輕將蛋敲入大碗再倒入煎鍋，不需加油，煎 5 分鐘。以鹽和胡椒調味，再加上少許葡萄酒醋。

＊ 為什麼五花肉丁要先煮過？可以煮去油脂，讓五花肉丁較容易消化。

10 jan 苦白苣拌黑橄欖

6人份

準備時間20分鐘

6 條苦白苣
2 顆紅蔥頭
1 根大頭蔥
50g 去核黑橄欖
2 湯匙液狀鮮奶油
2 湯匙橄欖油
1 湯匙巴薩米克醋
鹽及胡椒

將苦白苣直剖四份後去心 *，再繼續直切為細長條。紅蔥頭去皮切碎。大頭蔥（含蔥白）切碎，橄欖大略切碎。將液狀鮮奶油、橄欖油和巴薩米克醋拌勻，以鹽和胡椒調味。所有材料拌過，冰涼後享用。

＊ 為什麼要先取掉苦白苣的心？因為苦白苣心帶苦味，特別是當沙拉享用前，要先去心。

11 jan 蘭姆酒巴巴蛋糕

6人份

準備時間20分鐘
麵糰發酵時間2小時
烹調時間30分鐘

巴巴蛋糕：
250g 麵粉
100g 奶油
25g 新鮮或乾燥酵母
25g 蜂蜜
20cl 牛奶
8 顆蛋
蘭姆糖漿：
20cl 水
20cl 蘭姆酒
300g 糖
裝飾的糖漬果粒與鮮奶油：
30g 液狀鮮奶油（油脂 30% 以上）
150g 糖
100g 糖漬水果
工具：
薩瓦蘭圓環烤模

烤爐預熱至 180℃。牛奶加溫 * 後加入酵母。以攪拌器將蛋和蜂蜜拌勻，加入麵粉、預先融化的奶油和加了酵母的牛奶（材料必須攪拌至完全均勻）。在烤模上塗上一層奶油和麵粉後，倒入麵糊，以乾淨的布蓋住，在室溫下放置 2 小時，讓麵糰膨脹至兩倍體積。以 180℃ 烤 30 分鐘。扣出蛋糕體放在預先放置在大碗上方的金屬架上。將水、蘭姆酒、糖攪拌成糖漿，加熱至糖完全融化，再將糖漿淋在蛋糕體上。取出流入大碗中的糖漿重複澆淋在蛋糕上。打發鮮奶油，加入糖。將巴巴蛋糕放在盤子上，打發的鮮奶油填入中央孔，撒上糖漬水果。

＊牛奶為什麼要加溫？為了讓酵母發酵。

13 jan

甘藍豬肉捲

6人份

準備時間20分鐘
烹調時間20分鐘

1 顆嫩葉甘藍
600g 熟烤豬肉
4 顆蛋
15cℓ 液狀鮮奶油（油脂 30% 以上）
3 顆紅蔥頭
250g 煙燻五花肉
25cℓ 白葡萄酒
2 顆洋蔥
1/2 茶匙肉豆蔻
鹽及胡椒

烤爐預熱至 160℃。摘下甘藍葉，選出其中最漂亮的 12 片，取掉葉片中央的梗。煮沸加了鹽的水，甘藍葉浸泡 7 分鐘之後取出，立刻以冰水沖洗。紅蔥頭去皮切碎。將烤豬肉、切碎紅蔥頭、蛋、肉豆蔻和 6 片甘藍葉打至均質，加入液狀鮮奶油，調味。將均勻攪拌後的材料分成 6 等分，分別填入 6 片甘藍葉中包成滾球（pétanque）狀 *，放入烤盤。洋蔥去皮切碎，煙燻五花肉切小塊，散置在甘藍豬肉捲四周，接著倒入白酒。以 160℃ 烤 20 分鐘，不時為甘藍葉加點水份。

* 如何捲緊甘藍葉？
只要塞了豬肉餡之後拉緊葉片，爐烤時，甘藍菜自然會捲緊。

12 jan

防風草根炒辣香腸

6人份

準備時間15分鐘
烹調時間20分鐘

6 塊防風草根
200g 西班牙辣香腸
2 顆洋蔥
10cℓ 橄欖油

防風草根去皮後切成薯條狀，辣香腸撕下表皮，同樣切成細長條。洋蔥去皮切碎。將橄欖油倒入平底不沾鍋中，開小火輕輕拌炒防風草根和洋蔥，15 分鐘左右後加入辣香腸，繼續拌炒 5 分鐘。不必再調味 *。

* 不需調味：因為西班牙辣香腸本身夠鹹，因此不必再加鹽（而且這可以讓我的心臟科醫師很高興）。

14 jan

淡菜

6人份

準備時間10分鐘
烹調時間10分鐘

3ℓ 淡菜
6 瓣大蒜
3 顆紅蔥頭
30cℓ 白葡萄酒
100g 奶油
1 把巴西里

不可食用

紅蔥頭、大蒜去皮後剁碎，巴西里葉大致切碎。將白酒倒入大平底深鍋，煮沸後加入紅蔥頭和大蒜，水份收乾至原來的 1/2。加入預先切成小方塊的冷奶油，再放入淡菜。煮 5 至 10 分鐘，期間不時輕輕攪拌。到所有淡菜都打開後 *，加入切碎的巴西里，裝在平底鍋內直接上桌。

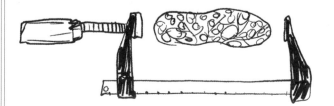

* 看到殼打開，就知道淡菜熟了。

16 jan　橄欖油香料韭蔥

6人份

準備時間15分鐘
烹調時間30分鐘

6 根韭蔥
10cl 橄欖油
1 湯匙油漬番茄
1 把扁葉巴西里
1 顆紅蔥頭
1 條紅蘿蔔
鹽之花、胡椒
工具
蒸籠

切去韭蔥綠色部分 *。將蔥白切成兩段，清水洗淨後以蒸籠蒸 30 分鐘。紅蘿蔔削皮切成小丁，油漬番茄、扁葉巴西里和紅蔥頭切碎，攪拌後加上橄欖油。韭蔥淋上橄欖油香料調味醬之後，以鹽之花和胡椒調味，溫熱享用。

❋ 為什麼不留下韭蔥綠色的部分？因為這部分當沙拉吃太老，味道也太重，多半用來煮湯或當作香料。

15 jan　包心菜湯

6人份

準備時間15分鐘
烹調時間45分鐘

1 顆綠甘藍
3 顆馬鈴薯
150g 薄鹽奶油
1 小塊生火腿（或 1 厚片熟的煙燻五花肉）
少許橄欖油
鹽及胡椒

馬鈴薯削皮後切成丁。摘下甘藍葉，留下 2 片最綠的葉子，將其餘甘藍葉大致切碎。將除了兩片綠甘藍葉之外的材料和生火腿塊 * 放入平底深鍋加水煮沸後，繼續煮45分鐘。切碎剛才留下的 2 片綠色甘藍葉，以橄欖油快炒。撈出生火腿塊。將薄鹽奶油放入湯中，以鹽和胡椒調味。將快炒過的甘藍葉撒在湯上，即可上桌。

❋ 火腿塊：用剩的生火腿（頭尾部分皆可）可以為湯頭帶點煙燻香味。

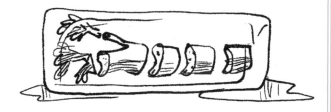

17 jan　芹菜檸檬蔬果泥

6人份

準備時間20分鐘
烹調時間30分鐘

800g 芹菜根
20cl 液狀鮮奶油
2 顆檸檬
50g 生薑
鹽及胡椒

芹菜根削皮切成大方塊後泡入冰水中 *。生薑削皮剁碎。檸檬刨下皮絲後榨汁。將切塊芹菜根、碎薑和檸檬皮絲放入平底深鍋中蓋滿水，煮沸後繼續煮 30 分鐘。取出材料瀝乾，加入液狀鮮奶油打成蔬菜泥，調味，加入檸檬汁。

❋ 為什麼要將切塊的芹菜根泡在冰水中？蔬菜浸泡冰水可避免氧化。

瑪麗 & 雷昂

說生蠔，生蠔到

廚藝乏善可陳的瑪麗・瓦許果嫁給老饕雷昂之初，每年都會焦急地等待生蠔季到來。我們甚至可以說她對這類軟體動物有強烈的狂熱。一看到市場攤架上出現生蠔，瑪麗就像摸到了聖杯。

鮮美的生蠔（無論是來自大海或移入潮間帶鹽田養殖）由肉值指數超過6.4的fine等級、肉值指數超過9的spéciale等級，來到最頂級的pousse，飽滿鮮嫩的滋味足以讓人將牛排拋在腦後。來自潟湖區拓湖的布齊格蠔，殼厚但別有特色。扁蠔貝隆雖扁但份量十足（真是無奇不有！）滋味濃烈，像是將海洋直接裝盤上桌。

用刀高手雷昂負責開生蠔，這是男人的工作。凱文負責準備餐具，至於瑪麗呢，則是耐心地看著丈夫吞下早上買來的3打生蠔。沒錯，瑪麗要的是殼，至於蠔肉，則是雷昂獨享。

第二天就是瑪麗大展身手的日子了，她拿蠔殼做菸灰缸、肥皂盒，還做了個玩偶放在諾曼地風格的餐具櫃上。接下來上的全是藝術品，住在隔壁的密蘇一家人嫉妒極了。

藉由這個方式，在廚房裡毫無用武之地的瑪麗因此（在家中）寫下自己的歷史。

18 jan

榛果香奶油生蠔
6人份

準備時間15分鐘
烹調時間5分鐘

12 顆 spéciale 等級生蠔
100g 奶油

開生蠔，倒出第一次海水 *，仔細割下，蠔肉隔著濾網放在大碗上，留下第二次海水。將奶油放在不沾鍋中，以中火加熱煮至呈榛果色 **。關火後加入生蠔滴下的水份，放置2到3分鐘約略收乾。以牙籤叉起生蠔沾取奶油食用。

＊什麼是第一次、第二次海水？第一次海水就是海水。第二次海水（同樣是海水）指的是蠔肉分泌出來的海味。

＊＊奶油的「榛果色」指的是加熱後的金黃色，而且會逼出……「榛」味。

20 jan 苦白苣、藍紋洛克福與核桃

6人份

準備時間10分鐘

6 棵苦白苣
150g 藍紋洛克福乳酪
50g 完整核桃仁
50g 白葡萄乾
50g 風乾鴨胸肉
2 湯匙蘋果醋
4 湯匙橄欖油
2 湯匙菜籽油
鹽及粗磨胡椒

苦白苣直剖四份，去心後切成細絲。葡萄乾泡入溫水中＊。風乾鴨胸切絲，壓碎藍紋洛克福乳酪。將蘋果醋加入橄欖油中。混和所有材料，加入鹽和粗磨胡椒調味。

＊ 葡萄乾為什麼要先泡溫水？在溫水中浸泡15分鐘，葡萄乾可以恢復原來豐潤的份量。

19 jan 苦白苣火腿捲

6人份

準備時間20分鐘
烹調時間20 + 20分鐘

苦白苣：
6 棵苦白苣
6 片帶骨火腿切下的火腿片
6 片生火腿
40g 奶油
1 湯匙糖
150g 老博福特乳酪
白醬：
40g 奶油
40g 麵粉
50cl 牛奶
20cl 液狀鮮奶油
1/2 茶匙肉豆蔻
鹽及胡椒

烤爐預熱至 160℃。6 棵苦白苣對切，排放在烤盤上。撒上切丁奶油和糖，加水完全覆蓋材料後，以 200℃烤 20 分鐘，不時輕輕翻動。將烤過的苦白苣擺在金屬架上放涼＊。用帶骨火腿切下來的火腿片和生火腿片分別捲起對切的苦白苣。再次將材料放入烤盤裡，撒上切丁老博福特乳酪。將 40g 奶油放入平底深鍋加熱融化，加入麵粉，開小火，以木製攪拌棒攪動 5 分鐘＊＊後調味。加入冷牛奶，液狀鮮奶油和肉豆蔻，繼續煮 5 分鐘，需不時攪動。將白醬淋在火腿苦白苣捲上，放入160℃烤爐再烤 20 分鐘。

＊ 苦白苣為什麼要放涼？可以使材料出水。

＊＊ 一定要用木製攪拌棒嗎？烹調白醬時使用木製攪拌棒可以刮到鍋子角落上的麵粉，又不致傷害到鍋子的琺瑯內層。

21 jan 阿爾代什馬鈴薯煎餅

6人份

準備時間20分鐘
烹調時間15分鐘

800g 烘焙用大顆馬鈴薯
3 顆洋蔥
4 顆蛋
1 把蝦夷蔥
橄欖油
鹽及胡椒
工具：
刨絲器

馬鈴薯削皮，以刨絲器刨成泥狀。蛋打成均勻蛋液。洋蔥去皮切碎，蝦夷蔥切細，將上述所有材料混和後調味。將橄欖油倒入不沾鍋，加熱，倒入薯餅材料，以小火兩面＊各煎 7 至 8 分鐘。搭配皺葉萵苣上桌。

＊ 薯餅如何翻面？最理想的方式是將薯餅翻到另一個煎鍋裡，或是用鍋鏟翻面也可以。

瑪麗 & 雷昂

熱情的廚房

今天，是瓦許果家傳統的蔬菜牛肉湯日。只要有蔬菜牛肉湯，就會有一大桌子人，因為這道湯就是人多好分享。

一切從市場開始，搞笑的肉販大聲對所有聽得到他聲音的人說：燉肉和蔬菜應該列入社會福利給付項目……「看吧，瑪麗，我不是說了嗎，吃得好和看醫生一樣，只不過效果更好！」

牛尾、牛小排、牛肩肉，再加上一點培根和帶髓的牛骨……「好油脂不傷身，何況是燉出來的湯更讓人無法抗拒！」加了肉和有益的蔬菜，「瞧，瑪麗，這湯刁鑽得很，非得等到天寒地凍的時候，才願意呈現出最美好的滋味！」

瓦許果家中，通紅的鍋子等著起舞，窗玻璃蒙上一層水氣，今晚，美食要登場了，凱文還用食指在窗玻璃上寫著：「媽咪，我愛吃妳煮的蔬菜牛肉湯……凱文。」

✱ 為什麼蔬菜要分開煮？各種蔬菜烹煮時間各有不同，分開煮才能確定生熟程度。

22 jan 傳統蔬菜牛肉湯
6人份

準備時間45分鐘
烹調時間2小時

600g 牛小排
400g 牛肩肉
1 條牛尾
3 塊帶髓牛骨
1 束法國香草束
3 根韭蔥
6 條紅蘿蔔
6 塊菊芋
3 顆紫蕪菁
3 塊防風草根
2 根芹菜
1/2 顆嫩葉綠甘藍
法國給宏德（Guérande）頂級粗海鹽
醃黃瓜

所有蔬菜削皮後對切。將肉放入平底深鍋，加水蓋過材料後煮沸。撈去浮渣，加入韭蔥、去葉芹菜、甘藍和法國香草束，以小火燉煮 2 小時後，再加入紫蕪菁、紅蘿蔔和防風草根 ✱ 繼續煮 15 分鐘。最後加入菊芋、帶髓牛骨再燉 20 分鐘。撈出燉肉和蔬菜裝盤，撒上一點粗鹽。小黃瓜和熱湯另外上。

肝醬佐菊芋

23 jan 肝醬佐菊芋

6人份

準備時間15分鐘
烹調時間15分鐘

6 片半熟肝醬
400g 菊芋
50g 完整杏仁
50g 搗碎的榛果
10cl 巴薩米克醋
3 湯匙核桃油

菊芋削皮後切成小長條。煮沸巴薩米克醋，收乾至 1/2（濃稠度和糖漿相仿）。將菊芋條放入平底煎鍋，以核桃油小火煎炒（直到菊芋軟化）。加入搗碎的榛果 * 略煎出焦黃色後，加入 1 湯匙濃稠的巴薩米克醋。放置冷卻。1 片肝醬搭配 1 大匙菊芋佐料，再撒上杏仁。

✱ 如何搗碎榛果？將榛果放在較深的容器中，以擀麵棍杵碎。

24 jan 燉蔬菜鍋

6人份

準備時間20分鐘
烹調時間20分鐘

3 塊防風草根
3 顆紫蕪菁
6 塊菊芋
2 條紅蘿蔔
6 瓣大蒜
3 顆紅蔥頭
3 塊帶髓牛骨
1 茶匙乾燥百里香
50g 薄鹽奶油
1 湯匙橄欖油
15cl 波特白葡萄酒
鹽及胡椒

✱ 骨髓怎麼煮才不會掉？不時以刀尖檢查牛骨（刀尖必須可以輕鬆刺穿骨髓部分）。

所有蔬菜削皮後切成大小相同的條狀。紅蔥頭直剖兩半。奶油和橄欖油放入大燉鍋中融化。放入所有蔬菜、完整的蒜瓣、紅蔥頭，撒上百里香，拌炒 5 分鐘後等蔬菜煎出金黃色之後，淋上波特白葡萄酒。加蓋以小火燉煮 10 分鐘。另起一鍋沸水，將帶髓牛骨 * 煮 15 分鐘，挖出骨髓放在蔬菜上，以鹽和胡椒調味。

25 jan 苦白苣鱈魚

6人份

準備時間15分鐘
烹調時間15分鐘

6 塊鱈魚
3 棵苦白苣
2 顆檸檬
2 顆柳橙
1 湯匙紅砂糖
90g 奶油
1 湯匙普羅旺斯綜合香料
烘焙紙
鹽及胡椒

✱ 為什麼要用紅糖？因為紅糖有更明顯的蔗香。

◎編註：普羅旺斯綜合香料，為法國普羅旺斯地區的知名香料，由百里香、迷迭香、墨角蘭、奧勒岡……等多種香料組成。

烤爐預熱至 180℃。檸檬和柳橙刨下皮絲後榨汁，將皮絲、果汁加上紅砂糖混和 *。切下苦白苣蒂頭後，將葉片切細後加入加了糖的果汁皮絲當中。折好烤紙，在紙包裡先放進苦白苣為底，接著放進鱈魚塊，加上少許普羅旺斯香料、加入柳橙檸檬汁、20g 奶油，以鹽和胡椒調味。折起烤紙後，以 180℃ 烤 15 分鐘。烤紙包直接裝盤上桌。

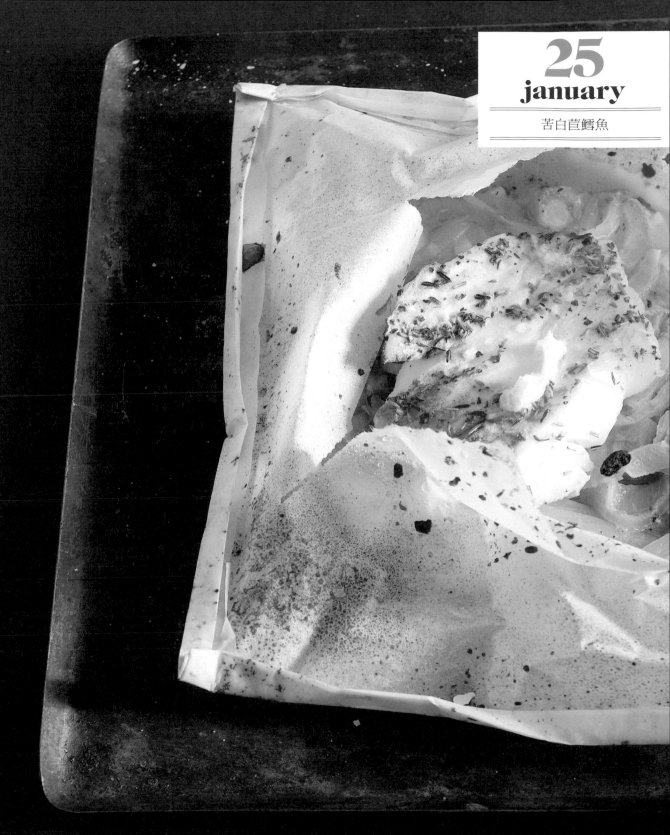

「根莖類對牙好，入口即化的熔岩蛋糕是根莖類的好朋友。」

26 jan
牛里脊佐根莖蔬菜
6人份

準備時間20分鐘
烹調時間20分鐘

600g 上選牛里脊 2 塊
3 塊防風草根
3 條紅蘿蔔
3 顆紫蕪菁
3 顆紅蔥頭
1 杯白葡萄酒
80g 奶油
1 湯匙葵花籽油
鹽及胡椒
工具
鑄鐵平底煎鍋

蔬菜削皮對切，放進加鹽的滾水煮15 分鐘後瀝乾。將 30g 奶油放入鑄鐵平底煎鍋 * 中融化，接著加入葵花油。當油溫足夠時，將肉放進鍋內煎焦表面，加入紅蔥頭。依個人喜愛的生熟度，每面各煎 3 到 5 分鐘。取出煎鍋裡的牛肉，以鋁箔紙包覆。利用白酒將煎肉時沾在鍋底的肉末調勻成湯汁 **，稍微收乾之後加入剩下的奶油攪拌，以湯汁加熱蔬菜，調味後即刻享用。

＊ 為什麼要用鑄鐵鍋？因為鑄鐵鍋受熱更均勻，更容易煎肉。

＊＊ 法文術語是 déglacer

27 jan
冬日烤小牛肉
6人份

準備時間20分鐘
烹調時間45分鐘

1kg 烤小牛肉 1 塊
6 條紅蘿蔔
6 根嫩韭蔥
12 瓣大蒜
1 湯匙孜然
1 顆柳橙榨汁
1/2 杯白葡萄酒
2 湯匙橄欖油
鹽及胡椒

紅蘿蔔削皮切成小長條，摘去嫩韭蔥綠色部分。將橄欖油放入燉鍋煎小牛肉，將兩面煎至焦黃。加入其它所有食材，加蓋以小火烹煮 45 分鐘。視需要加入少許水（燉鍋的鍋底應保持濕度 *），調味。

＊ 為什麼要加水？免得小牛肉和蔬菜黏在鍋底。

28 jan
熔岩巧克力蛋糕
6人份

準備時間15分鐘
烹調時間15分鐘

250g 好品質的黑巧克力
250g 奶油
100g 糖
4 顆蛋
100g 烘焙用杏仁粉
1 湯匙玉米粉

烤爐預熱至 160℃。巧克力和奶油先隔水加熱融化。瀝出蛋黃，將蛋白完全打發至尖端挺立。蛋黃和糖一起打至顏色變淺且起泡。加入預先融化的巧克力奶油、杏仁粉和玉米粉。以軟刮刀 * 輕輕拌入打發的蛋白霜。在模具上塗上奶油和麵粉，倒入巧克力材料，以 160℃ 烤 15 分鐘（蛋糕軟硬度取決於烘焙時間 **）。

＊ 使用扁平、有彈性的烘焙用刮刀，輕輕將蛋白霜翻拌入材料當中。

＊＊ 熔岩巧克力蛋糕的軟硬度建議：蛋糕中心保持柔軟，溫熱上桌時用湯匙享用。放冷了之後可切開（巧克力和奶油已經硬化）。

29 jan

縐草萵苣、甜菜根與蘋果

6人份

準備時間15分鐘

2 塊煮熟的甜菜根
1 顆青蘋果 (granny-smith)
6 顆蛋
250g 縐草萵苣
1 顆檸檬榨汁
10cℓ 橄欖油
1 湯匙蘋果醋
1 湯匙 SAVORA 芥末醬
10cℓ 葡萄酒醋

甜菜根和蘋果削皮後切成火材棒大小的條狀。將蘋果條泡入檸檬汁中。另取平底深鍋煮沸一鍋水，加入葡萄酒醋。將 6 顆蛋打進分別的小容器裡。水滾後，將蛋一個一個分別沿著鍋邊輕輕滑入沸水中繼續滾 1 分鐘。待蛋白凝結後再以漏杓撈出，放進溫水中＊。將芥末醬、蘋果醋、橄欖油攪拌均勻。將油醋醬淋在縐草萵苣上，將蛋放在縐草萵苣中央，撒上切好的甜菜根和蘋果。

＊**為什麼要把蛋放在溫水中？**可維持溫度，但蛋黃不會繼續變熟變硬。

30 jan

薄片甜菜根

6人份

準備時間15分鐘
烹調時間 1 小時

2 塊生甜菜根
2 顆黃檸檬
10cℓ 橄欖油
50g 烏魚子
50g 康堤乳酪
幾片龍蒿葉
幾片扁葉巴西里
鹽及胡椒

甜菜根削皮切成薄片後鋪在盤上，淋上黃檸檬汁和橄欖油，調味。烏魚子和康堤乳酪削薄片＊後撒在切片甜菜根上，加上幾片巴西里葉和龍蒿葉。室溫即可享用。

＊**如何削出薄片？**藉助刨刀。

31 jan

蜂蜜烤鳳梨

6人份

準備時間15分鐘
烹調時間30分鐘

1 顆鳳梨
50g 奶油
3 湯匙蜂蜜
15cℓ 深色蘭姆酒
1 枝香草莢
烤爐預熱至 160℃。

以鋸齒刀削去鳳梨皮，除去鳳梨眼。以工具縱刺穿整顆鳳梨＊。香草莢縱切為二，插入鳳梨果肉當中。將鳳梨放在烤盤上，加入奶油、蜂蜜和蘭姆酒，以 160℃ 烤 30 分鐘，期間不時轉動鳳梨並澆淋醬汁。溫熱上桌。

＊**怎麼刺？**例如以烤肉叉。

February

時令蔬果

菊芋
紫色馬鈴薯
韭蔥
紫蕪菁
防風草根
馬鈴薯
芹菜
大白菜
橘色胡蘿蔔
紫色胡蘿蔔
柳橙
鳳梨
香蕉
生薑

魚貝蝦蟹

蛤蜊
扇貝
螯蝦

肉類及肉製品

牛排
烤牛肉
豬五花肉
豬腰內肉
羊肩肉
鴨胸肉
生火腿
煙燻五花肉
里昂式熟香腸
迪歐香腸
土魯斯香腸
薄鹽豬肋排
薄鹽梅花肉
莫爾托香腸

乳酪

康堤
拉可雷特
薩瓦省多姆
瑞布羅申
博福特
愛蒙塔爾
康庫瓦約特軟乳酪

精緻美食

薩瓦省蕎麥方塊麵

01 愛菈 蛤蜊佐香料奶油	**02** 帝歐芬 洋蔥炒牛肉	**03** 布萊斯 生火腿鹹派
08 賈桂琳 焦糖豬肉丁	**09** 愛波琳 中式炒蔬菜	**10** 亞諾 炸春捲
15 克勞德 雙向香蕉船	**16** 茱麗安 松露小點	**17** 亞列西 椰奶辣味羊肉
22 依莎貝兒 老式蔬菜湯	**23** 拉薩 拉可雷特乳酪	**24** 莫黛絲特 多姆乳酪拌馬鈴薯
29 奧古斯特 蔬菜豬肉鍋	**30** 聖格藍格藍 香料奶油螯蝦	**01**

04
薇若妮卡
紙包香腸

05
愛嘉莎
烤鳳梨奶酥

06
賈斯東
菊芋泥

07
優潔妮
彩色紅蘿蔔

11
愛蘿伊絲
米線湯

12
菲列克斯
柳橙冰球

13
畢雅翠絲
廣東炒飯

14
瓦倫丁
薑汁伏特加調酒

18
博娜黛特
燉扇貝

19
賈邦
紫薯泥

20
艾美
薑味烤布蕾

21
達米安
油漬豬五花肉

25
羅密歐
焗烤馬鈴薯鍋

26
奈斯特
焗烤蕎麥方塊麵

27
奧諾琳
乳酪火鍋

28
羅曼
核桃塔

01 feb

蛤蜊佐香料奶油
6人份

準備時間10分鐘
烹調時間4分鐘

36 顆蛤蜊
100g 薄鹽奶油
1 把巴西里
1 顆紅蔥頭
1 瓣大蒜
3 片放乾的法國麵包

開蛤蜊 *。紅蔥頭、大蒜去皮放進食物調理機，加入奶油、巴西里葉、乾法國麵包打勻。在每顆打開的蛤蜊加上 1 茶匙香料奶油烤 3 至 4 分鐘（至香料奶油烤出微棕色即可）。趁熱吃。

✱ 良心建議：開蛤蜊是危險活動，尖頭刀是必須品，最好有備用假手。此外還要準備繃帶，放在不會受傷的那隻手伸手可及之處，擺瓶酒精可以帶來心理安慰。開蛤蜊時，小心地把刀尖插進蛤蜊側面一割，嘿，大功告成。

02 feb

洋蔥炒牛肉
6人份

準備時間10分鐘
烹調時間10分鐘

800g 牛排肉
4 顆洋蔥
4 瓣大蒜
1 湯匙白芝麻
1 湯匙 Amora 鮮味露
1 湯匙醬油
4 枝芫荽
2 湯匙葵花籽油
工具
中式炒鍋

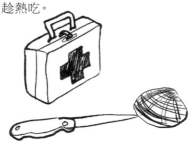

洋蔥、大蒜去皮後切薄片。牛排肉切片。起油鍋，快炒 * 洋蔥和大蒜。放入肉片快炒。以 Amora 鮮味露和醬油將沾在鍋底的肉末調勻成湯汁 **，加入白芝麻和粗略切碎的芫荽葉。

✱ 以大火快炒，可保持蔬菜的爽脆度。

✱✱ 即 déglacer。

03 feb

生火腿鹹派
6人份

準備時間15分鐘
烹調時間25分鐘

1 片派皮
8 片生火腿
4 顆蛋
20cℓ 液狀鮮奶油（油脂 30% 以上）
20cℓ 牛奶
少許肉豆蔻
100g 康堤乳酪

烤爐預熱至 180℃。肉豆蔻和蛋一起打發後，加入液狀鮮奶油 *、牛奶和刨絲的康堤乳酪。將生火腿片對切後捲起。將塔皮鋪進有烤紙的模底。將生火腿捲排列在塔皮上，淋上鮮奶油、牛奶、乳酪和蛋汁混和材料，放進烤爐內，以 180℃ 烤 25 分鐘。

✱ 為什麼要用油脂30%以上的液狀鮮奶油？因為要用高溫烘焙。

瑪麗 & 雷昂

味蕾&紙包料理

廚藝乏善可陳的瑪麗‧瓦許果嫁給老饕雷昂之初，最愛吃裹著銀色包裝紙的巧克力和糖果，一個接著一個吃的結果，讓瑪麗開始「擬熱氣球化」（這個說法在阿諾奈一帶最常聽到，代表「你未免吃太多紙包糖了吧，再繼續吃，我們很快就分不出哪個是熱氣球，哪個是你了！」）。

雷昂不太想眼睜睜看著妻子飄走，覺得事不宜遲，於是提起吃下數量可比天文數字的紙包糖會對瑪麗造成什麼影響。為了反擊，瑪麗用紙包起香腸、紅酒、洋蔥等等食材，飛速送到丈夫面前，說：「你還不是吃紙包的食材，你的評語還是留給自己吧！」雷昂看到美味的食物，完全沒辦法控制臉上的表情。他閉上雙眼，心中滿是對溫柔瑪麗的愛意，買了張尺寸更大的床！

藉由這個方式，在廚房裡毫無用武之地的瑪麗，成了大名流傳千古的瑪麗。

04 feb 紙包香腸
6人份

準備時間10分鐘
烹調時間20分鐘

2 條香腸
4 顆洋蔥
30cℓ 紅葡萄酒
2 把百里香
2 把迷迭香
100g 奶油

洋蔥去皮切薄片。香腸切成 1cm 厚薄小片。以鋁箔紙折紙包。依序將洋蔥片、香腸擺入 2 個紙包，接著加入紅酒和奶油 *。將百里香和迷迭香放在最上面，捏緊紙包。以 160℃ 烤 20 分鐘。

＊將奶油切丁撒在材料上，如此一來，奶油的香味和乳脂可以均勻散佈在食材上。

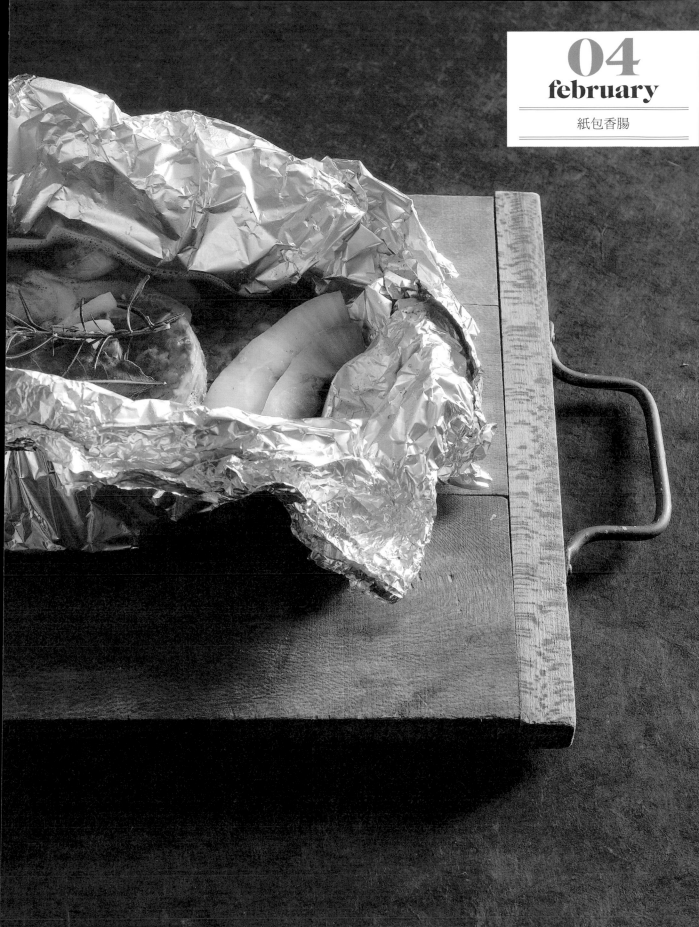

february

06

菊芋泥

05 feb

烤鳳梨奶酥
6人份

準備時間20分鐘
烹調時間20分鐘

1 顆鳳梨
50g + 100g 奶油
10cl 蘭姆酒
100g 椰子粉
100g 麵粉
100g 紅砂糖
工具
烤盤

✳ 怎麼削？切掉頭尾，用鋸齒刀削皮，再用削刀挑除鳳梨眼。

✳✳ 燒去酒精：將蘭姆酒倒入煎鳳梨塊的鍋中，加熱，點根火柴……小心你的瀏海。

鳳梨削皮 ✳，挖去鳳梨眼後直剖四塊。切掉鳳梨心，將鳳梨肉切成 1 公分厚薄的小塊。以煎鍋融化 50g 奶油，加入鳳梨塊，煎成金棕色，加入蘭姆酒之後燒去酒精 ✳✳。融化 100g 奶油，加入麵粉、椰子粉和紅砂糖，攪拌均勻。將鳳梨放進烤盤，撒進奶酥材料，以180℃烤20分鐘。

07 feb

彩色紅蘿蔔
6人份

準備時間10分鐘
烹調時間15分鐘

4 條橘色紅蘿蔔
4 條紫色紅蘿蔔
3 顆大頭蔥白
1 顆柳橙
2 湯匙蘋果醋
4 湯匙橄欖油
鹽及胡椒

✳ 不規則長條：切出像薩克斯風形狀的斜長條。

✳✳ 過冰水有什麼作用？食材才不會繼續熟化，可以停留在理想的生熟度（保留理想的軟硬度）。

◎ 編註：大頭蔥白 (oignons nouveaux) 在台灣不易購得，以小洋蔥取代亦可。

所有紅蘿蔔削皮，滾刀切出不規則長條 ✳。放入平底深鍋的沸水中煮 15 分鐘後，取出，過冰水 ✳✳。大頭蔥白切細，柳橙刨下皮絲後榨汁，混和材料後加入蘋果醋和橄欖油。以大頭蔥白柳橙油醋淋在紅蘿蔔條上，以鹽和胡椒調味。

06 feb

菊芋泥
6人份

準備時間20分鐘
烹調時間20分鐘

1kg 菊芋
20cl 液狀鮮奶油
鹽及胡椒
30g 麵粉
30g 奶油
20g 糖
30g 大致壓碎的核桃仁
1 把迷迭香
鹽及胡椒

菊芋削皮，放入鍋中蓋滿水煮沸後繼續煮 20 分鐘。將煮熟的菊芋打成泥，加入液狀鮮奶油，調味。摘下迷迭香葉片切碎。以微波爐將奶油融化，加入麵粉、糖、核桃和碎迷迭香拌勻。將核桃麵糊倒在烤紙上，以 160℃烤 15 分鐘。以碗盛菊芋泥，撒上核桃迷迭香奶酥。準備迎接交響樂吧 ✳。

✳ 交響樂？菊芋是活潑的蔬菜，在餐後仍然會繼續躁動……懂我意思嗎！

10 feb

炸春捲

6人份

準備時間45分鐘
烹調時間10分鐘

基底：
20 片越南春捲皮
200g 越南米線
1 把芫荽
2 條紅蘿蔔
3 根大頭蔥
100g 乾香菇
1 湯匙糖
內餡：
豬腰內肉
小蝦仁
鴨胸肉
雞胸肉
所有你能想到的材料（但一定要是可以吃下肚的！）
鹽及胡椒
沾醬：
2 湯匙魚露
1 湯匙糖
1 顆檸檬榨汁
1 瓣大蒜
1 條小辣椒（可有可無）

紅蘿蔔削皮刨粗絲。乾香菇泡 10 分鐘熱水膨脹。將米線放入大鍋滾水中，關火 * 浸泡 5 分鐘，取出，過冰水。大頭蔥、香菇切絲，摘下芫荽葉切碎。以剪刀將米線剪為 10cm 左右的長度，將上述材料加糖攪拌。接著準備內餡，切碎材料，和基底材料混和後調味。拿住米紙一端泡熱水，接著拿另一端重複相同動作，米紙應呈半透明。將半透明米紙鋪在溼布 ** 上。在米紙一端放上長條形狀的內餡（1 個春捲大概用 1 湯匙內餡），折起兩邊後開始捲 *** 春捲。放入油鍋炸 7 到 8 分鐘。搭配沙拉 ****、薄荷葉、羅勒、芫荽……上桌。

沾醬部分：2 湯匙魚露混和 1 湯匙糖、2 湯匙檸檬汁和 1 瓣切碎大蒜混和，膽子大一點的人可以再加上切碎小辣椒。

08 feb

焦糖豬肉丁

6人份

準備時間15分鐘
烹調時間20分鐘

2 塊豬腰內肉
4 顆洋蔥
1 把芫荽
1 湯匙蜂蜜
1 湯匙醬油
100g 完整腰果仁
葵花籽油
工具：
中式炒鍋

* 以大火快炒可讓蔬菜口感爽脆。

** 大致切碎的芫荽葉。

洋蔥去皮切薄片。豬腰內肉切丁。摘下芫荽葉。將葵花籽油倒入中式炒鍋，起油鍋 * 大火爆香洋蔥。加入肉丁拌炒 10 分鐘後，再加入醬油和蜂蜜繼續炒 5 分鐘，最後放入腰果和碎芫荽葉 **。

09 feb

中式炒蔬菜

6人份

準備時間20分鐘
烹調時間5分鐘

6 條紅蘿蔔
1/2 棵大白菜
1 根韭蔥
4 顆大頭蔥白
50g 生薑
4 瓣大蒜
1 湯匙葵花籽油
1 湯匙醬油

* 為什麼要道最後一刻才調味？醬油只是提味，不是用來烹調蔬菜。

* 為什麼放入米線前要先關火？水不能繼續滾，否則米線會煮爛。

** 為什麼要放在溼布上？否則米紙會黏住。

*** 有什麼建議？米紙不要太溼，捲春捲時動作要快。

**** 怎麼品嚐春捲？以萵苣葉包起綜合香草和春捲，來點開胃酒更好！

紅蘿蔔和生薑削皮切成小條狀。大白菜、韭蔥、大頭蔥白切絲。大蒜去皮切碎。起油鍋爆香大蒜後，加入所有蔬菜炒 3 到 4 分鐘。蔬菜需保留爽脆度。上桌前 * 以醬油調味。

11 feb

米線湯

6人份

準備時間20分鐘
烹調時間10分鐘

500g 烤牛肉
100g 越南米線
4 顆洋蔥
1 把蝦夷蔥
2 湯匙整顆鹹花生仁
1 湯匙鮮味露
1 湯匙醬油
1 條紅蘿蔔
葵花籽油
50g 奶油

紅蘿蔔削皮切成小長條。蝦夷蔥切成 1cm 小段。奶油放入煎鍋，迅速將牛肉兩面煎出焦黃色（不要煎熟＊）。洋蔥去皮切薄片，放進加了少許油的鍋裡大火爆香，炒至材料成金黃色。淋上＊＊50cℓ 水，加入醬油和鮮味露。煮沸 2 分鐘，加入米線後關火。牛肉切絲，和紅蘿蔔絲、蝦夷蔥碎和花生一起放入湯盤，以剪刀粗略剪斷米線，以熱米線湯澆淋湯盤裡的牛肉絲和紅蘿蔔絲。趁熱上桌。

＊ 為什麼這時不要將牛肉煎熟？之後會以熱湯淋熟牛肉。

＊＊ 直接將水加入正在煎炒的食材中。

12 feb

柳橙冰球

6人份

準備時間20分鐘
冷凍時間2小時

8 顆柳橙
10cℓ 君度橙酒（Cointreau）
100g 糖
1 個蛋白

＊挖出果皮內所有果肉。

＊＊ 為什麼要把挖空的果皮放入冰箱？冰冷的果皮能讓柳橙冰保持低溫。

＊＊＊蛋白有什麼作用？可以乳化柳橙，呈現綿密的質感。

6 顆柳橙切去上半部，用利刀挖出果肉＊，以手直接榨汁，在柳橙汁中加入糖及橙酒。將挖空的柳橙皮放進冰箱冷凍＊＊。另外 2 顆柳橙刨下皮絲後剝開。混和柳橙汁、糖、橙酒、皮絲和 2 顆柳橙的果肉，放入製冰盒裡冷凍。將橙酒果汁冰塊與蛋白＊＊＊以食物調理機打勻後，倒進挖空的柳橙皮中。

13 feb

廣東炒飯

6人份

準備時間10分鐘
烹調時間10分鐘

500g 熟米
6 片無軟骨的煙燻培根
100g 冷凍豌豆
2 顆洋蔥
3 顆蛋
6 根蝦夷蔥
葵花籽油
鹽及胡椒

將蛋打成蛋汁，以不沾鍋煎熟＊，切成細絲。洋蔥去皮切薄片，蝦夷蔥切成 1cm 小段。洋蔥、豌豆、切碎的煙燻培根和米＊＊以少量油拌炒 5 分鐘，加入蝦夷蔥、蛋皮絲，調味。

＊蛋皮該煎多熟？完全煎熟，大概需要5分鐘時間。

＊＊用哪種米？依個人口味選擇。

瑪麗 & 雷昂

美好的情人節

餐廳訂位額滿，訂的都是兩人桌，花販高興得不得了，香檳銷量是平常的五倍（還沒下定決心的客戶買小瓶裝，打算確認情勢的買大瓶，想遺忘的就買特大瓶）。簡而言之，氣氛完全炒熱了。先吞兩顆阿斯匹靈以防萬一吧，這天晚上，你不但不想讓偏頭痛發作，還會趕快去找美容師瓊安娜，「下一位！」大家推推擠擠打理自己，像個剛包裝好的禮物。裝扮妥當之後，你開始想像自己躺在壁爐前的熊皮毯上，完美得足以讓灰燼重新燃燒，和夏天南下到貝濟耶度假的想法一樣誘人。這天是情人節，太好了。瑪麗知道，她的雷昂會和初次一樣和她相愛（但想想最好還是不要，因為在那次經驗之後，她給他取了個「巴斯光年」的綽號！）。瑪麗知道情人節是為了她而存在；瑪麗知道，想吃松露的話，隨時可以吃。所以，雷昂，你及早準備吧。

＊用哪種杯子裝？用直筒高杯。

14 feb 薑汁伏特加調酒
6人份

準備時間15分鐘
烹調時間30分鐘

放置 1 小時
200g 生薑
1ℓ 水
300g 紅砂糖
伏特加

將伏特加放入冰箱。生薑削皮切成小丁，放進平底深鍋，蓋滿水，加入糖，以小火煮 30 分鐘後，以食物調理機打成薑汁糖漿，放置 1 小時冷卻。調和伏特加、碎冰和薑汁糖漿（和焦糖和打發的鮮奶油一起上桌，這你懂吧！）＊。

松露小點

15 feb

雙向香蕉船

2人份

準備時間15分鐘
烹調時間10分鐘

2 條香蕉
3 湯匙蘭姆酒
50g 糖 2 份
50g 奶油
15cl 液狀鮮奶油
1 份打發的鮮奶油
雪酪和冰淇淋

※ 限制級版本： 甜點吃完後，還有留下的焦糖、打發鮮奶油和男伴（或女伴）。依個人喜好，將焦糖抹在伴侶身上不同的部位上，加上鮮奶油點綴，直接享用。接著角色對調。還好我們吃的不是焗烤馬鈴薯（見2月25日），否則效果就不怎麼炫目了。

香蕉去皮。將 50g 奶油和 50g 糖放入煎鍋拌炒，再加入一根香蕉煎 5 分鐘，讓香蕉表面焦糖化。加入蘭姆酒後點火燒去酒精。用另一個平底深鍋，放入第二份 50g 糖製作焦糖，加入液狀奶油煮 2 分鐘，製作濃稠的焦糖醬。把兩根香蕉放在盤子上，加上冰淇淋、雪酪、打發的鮮奶油和少許焦糖醬（留一點晚上用，誰知道一切是否順利 ※……）

16 feb

松露小點

2人份

準備2個親吻的時間
烹調另外2個親吻的時間

1 顆新鮮松露 ※
1 條隔夜長棍麵包
橄欖油
鹽之花，研磨胡椒

※ 新鮮松露哪裡買？ 可以到專賣精緻美食的店鋪。小心假貨（例如中國松露或不夠熟的松露……）。

只因為愛上黑松露，於是你敲開撲滿，把錢拿去投資黑鑽石，這是個正確的決定。放棄滿街都是的廉價飾品吧，迎接貨真價實、精緻、優雅、時髦又簡潔的品味人生。今年，我們要把鑽石吃下肚。切下幾片長棍麵包，淋上少許橄欖油烤 2 到 3 分鐘，開一瓶香檳，黑松露切薄片後，放幾片在烤好的麵包上，加點鹽之花和胡椒，然後……聽天由命吧！

17 feb

辣味椰奶羊肉

6人份（2份今晚吃，其他冰起來！）

準備時間30分鐘
烹調時間1小時

800g 去骨羊肩肉
1 條綠辣椒
1 顆番茄
4 瓣大蒜
2 顆洋蔥
15g 雞湯塊
30cl 椰奶
1 湯匙麵粉
1 湯匙薑粉
1 湯匙咖哩粉
4 湯匙橄欖油
工具
Staub 鑄鐵小燉鍋

羊肉除去多餘的油脂 ※ 後切成 2cm 的羊肉丁。番茄去皮 ※※ 切丁。大蒜和洋蔥去皮後，大致切碎。辣椒剁碎。將 2 湯匙橄欖油放入 Staub 燉鍋（你的未婚夫（或未婚妻）看到這口燉鍋一定會留下深刻的印象……Staub 燉鍋是可以直接上桌的！），以 5 分鐘將羊肉丁表面煎出顏色。取出羊肉丁，將油脂倒掉。用 2 湯匙橄欖油爆香洋蔥和大蒜之後，加入羊肉丁、麵粉 ※※※ 拌煮 2 到 3 分鐘。加入番茄丁、雞湯塊、椰奶和其他香料。加蓋，以小火燉煮 45 分鐘，上桌前 5 分鐘再放進剁碎的辣椒 ※※※※。

※ 用刀子切掉羊肉多餘的油脂。

※※ 番茄如何去皮： 在番茄底部以刀子劃出十字切痕，水煮15分鐘之後去皮。

※※※ 麵粉有什麼作用？ 可以稠化醬汁。

※※※※ 為什麼最後才放辣椒？ 辣椒味道直接，而且很嗆辣，最後才放以避免過辣。而且，如果滾石樂團主唱米克・傑格嘟嘟的紅嘴造型會讓你還怕，最後放也比較容易挑出來。

瑪麗 & 雷昂

扇貝為我們祈禱

廚藝乏善可陳的瑪麗·瓦許果嫁給老饕雷昂之初，經常一邊呼吸著來自布列塔尼的狂野海味，一邊輕而易舉地摧毀雷昂在海邊挖來的寶藏。雷昂看在眼裡，終於忍不住發火，把5公斤扇貝放在妻子面前，說：「別笨手笨腳的，把扇貝也給搞砸了！」瑪麗決定表現自己真的有誠意下廚，於是買來大白菜、培根，為心愛的雷昂親手烹調他寄予高度期望，而且是美食家眼中的極品佳餚：燉扇貝。

於是，原來在廚房裡默默無聞的瑪麗，就此名流千古。

◎譯註：扇貝法文為聖雅各 Saint-Jacques

18 feb 燉扇貝
6人份

準備時間20分鐘
烹調時間20分鐘

18 顆精選扇貝
1 棵大白菜
3 顆洋蔥
2 條紅蘿蔔
100g 培根
20cl 液狀鮮奶油
1/2 杯白葡萄酒
橄欖油
鹽及胡椒

備妥扇貝，取下珊瑚紅色的貝卵 *切成小丁。紅蘿蔔削皮後同樣切成小丁。大白菜撕去外葉切細，洋蔥去皮切薄片。培根切絲。以橄欖油起油鍋，放入紅蘿蔔丁、培根、洋蔥、貝卵拌炒，再加入大白菜，淋上 1/2杯白酒，蓋上後燉煮 10 分鐘。另以橄欖油快煎扇貝（每面各幾秒鐘即可）。將煎過的扇貝放入蔬菜燉鍋中，加入液狀鮮奶油煮 5 分鐘，不必加蓋。調味。扇貝在情人節總能大獲全勝，而大白菜很逗趣，喔，抱歉。

✱ 如何取下貝卵？
直接從貝柱切下來，然後取下外層薄膜即可。

19 feb

紫薯泥

6人份

準備時間30分鐘
烹調時間45分鐘

1kg 紫色馬鈴薯
30cℓ 液狀鮮奶油
100g 薄鹽奶油
少許鹽及胡椒
工具：
搗泥器

＊不必瀝乾嗎？紫色
馬鈴薯質地很紮實。
我們還可以留下煮紫
薯的水來稀釋紫薯泥
後，再加上鮮奶油。

紫色馬鈴薯削皮，蓋滿水煮 45 分鐘
後，加入液狀鮮奶油＊後繼續煮 10
分鐘，以搗泥器搗成泥，調味。上桌
時，在紫薯泥上擺 1 片薄鹽奶油。

20 feb

薑味烤布蕾

6人份

準備時間10分鐘
烹調時間45分鐘
放置時間1小時

1ℓ 液狀鮮奶油（油脂 30% 以上）
8 顆蛋
150g 紅砂糖 2 份
80g 生薑
工具：
噴槍
6 個小烤盅

烤爐預熱至 120℃。生薑削皮切丁。
混和 150g 糖和等量的水，煮開後
加入薑丁，以小火在糖漿中滾煮 20
分鐘。薑丁瀝乾，糖漿可以留下來搭
配其他美食使用。分開蛋黃、蛋白，
將蛋黃和 150g 糖、液狀鮮奶油充
分攪拌。蛋白可以留下來做蛋白餅。
將薑丁均勻分配，放進 6 個模子裡，
倒入烤布蕾材料，以 120℃隔水烤
＊45 分鐘。將成品放進冰箱冷卻 1
個小時。上桌前，撒上紅砂糖，以噴
槍烤至焦糖化。

＊隔水加熱：參考3
月7日瑪麗・瓦許果的
故事。

21 feb

油漬豬五花肉

6人份

準備時間20分鐘
烹調時間2小時

1.5kg 豬五花肉
1 束法國香草束
1 顆塞 4 顆丁香的洋蔥
30cℓ 小牛高湯粉
3 湯匙番茄醬
3 湯匙醬油
2 湯匙蜂蜜
4 瓣大蒜
時蔬

將五花肉和法國香草束、塞好丁香
的洋蔥＊放入大鍋水中，水煮五花
肉。不必加蓋，以小火滾煮 1 至 1.5
小時。取出煮軟的五花肉。混和小
牛肉高湯和番茄醬、醬油、蜂蜜和
剁碎的大蒜。五花肉切成厚片裝
盤，澆入醬汁，烤 20 分鐘，需不時
添加水份。利用這段時間將時蔬加
熱＊＊。情人節來點豬肉，放肆一點
有益無害。

＊為什麼要在洋蔥裡
塞丁香？丁香顆粒很
硬，塞在洋蔥裡，可
避免在烹調時混入食
材中，因為吃進嘴裡
可能會太刺激味蕾。

＊＊哪種時蔬？搭配
水煮馬鈴薯。

22 feb

老式蔬菜湯
6人份

準備時間20分鐘
烹調時間45分鐘

4 條紅蘿蔔
4 顆馬鈴薯
1 枝韭蔥
1 枝芹菜
1/4 顆包心菜
1 顆紫蕪菁
1 條防風草根
1 顆洋蔥
100g 奶油
20cl 液狀鮮奶油
鹽及胡椒

✱ **為什麼不必先將水煮沸？** 因為逐漸升高的水溫，可以一步步煮熟蔬菜，味道更容易融合。

所有蔬菜削皮後切成大丁，放入平底深鍋，蓋滿水，煮沸後繼續以小火慢煮 45 分鐘。將煮好的食材加入奶油攪拌均勻，調味。上桌時，淋上一點鮮奶油。

23 feb

拉可雷特乳酪
6人份

準備時間20分鐘
烹調時間10分鐘

18 片拉可雷特乳酪
6 片煙燻培根
3 片火腿
3 片生火腿
1 顆洋蔥
3 顆熟馬鈴薯
匈牙利紅椒粉

✱ **怎麼堆？** 鋪上馬鈴薯、培根、洋蔥、乳酪、火腿、洋蔥、乳酪、生火腿、洋蔥、乳酪和紅椒粉，像蓋房子一樣，將材料層層疊起。

烤爐預熱至 200℃。火腿片和生火腿片對切。馬鈴薯切成圓形薄片，洋蔥去皮。在烤紙上堆出千層拉可雷特✱，放入 200℃ 爐裡烤 10 分鐘左右，讓乳酪軟化。趁熱吃。

24 feb

多姆乳酪拌馬鈴薯
6人份

準備時間30分鐘
烹調時間20分鐘

600g 馬鈴薯（夏洛特品種）
150g 薩瓦多姆乳酪
3 條迪歐香腸
1 顆紅洋蔥
50g 松子
1 把扁葉巴西里
3 湯匙菜籽油
1 湯匙雪利醋
1 湯匙 Viandox 牛肉汁
鹽及胡椒

馬鈴薯削皮水煮 ✱20 分鐘後切丁。紅洋蔥去皮切薄片。香腸切成圓形薄片煎 5 分鐘，加入松子，繼續煎 2 到 3 分鐘。用削刀將多姆乳酪削成長條薄片。混和菜籽油、雪利醋和牛肉汁，調製油醋醬。所有材料混和在一起，調味、撒上大致切碎的巴西里葉。

✱ 放入覆蓋過食材的水中水煮。

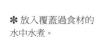

瑪麗 & 雷昂

半日行程

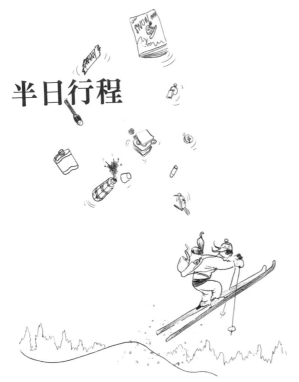

2月是雪季,雪靴又出籠了,這個星期要去滑雪。所有租來的滑雪小屋都是從星期六起算,而所有人都一樣,想早早出門免去塞車之苦。

最難的是準備行李。思考如何把堆積如山的家當塞進小箱子裡,就像要拼好巨大的拼圖一樣,這種事只能自己悶著頭做,免得引爆家庭糾紛。早在多年之前,雷昂就知道瑪麗最喜歡記仇。車身重到幾乎碰得到地,行李箱滿載,烤熟的豬肉、各式罐頭食品、派翠克最愛的2公斤玻璃罐裝白豆燉肉、巧克力棒和薯片,有時候我們會困在積雪10公分高的地區,糧食不能短缺……凱文的枕頭塞在雪靴和各式香腸之間,乳酪火鍋專用的鍋子擱在瑪麗的雙腿之間,接下來是8小時的車程,這趟路足足有200公里遠……滑雪度假行程有一定要遵循的儀式:離開家到滑雪場這段路上的時速不可能超過30公里(是誰說要提早出發的!!!),每餐都要吃火鍋,搭配當地葡萄酒幫助消化,這才是真正的生活。

25 feb 焗烤馬鈴薯鍋

6人份

準備時間45分鐘
烹調間30分鐘

1.2kg 馬鈴薯
2 顆洋蔥
200g 煙燻五花肉丁
1 塊瑞布羅申乳酪
150g 濃縮液狀鮮奶油
1 瓶薩瓦本地的 Chignin-Bergeron 白葡萄酒
鹽及胡椒

烤爐預熱至 180℃。馬鈴薯削皮切丁,放入沸水中煮 10 分鐘左右(不要煮太軟)。洋蔥去皮切薄片,和煙燻五花肉丁一起爆香。瑞布羅申乳酪切成小丁,拌入鮮奶油,調味。將所有材料放入烤盤,加入白酒,以 180℃烤至表面焦黃(大約 15 分鐘)。

26 feb

焗烤蕎麥方塊麵
6人份

準備時間30分鐘
烹調時間40分鐘

400g 蕎麥方塊麵 (crozets)
6 片生火腿
150g 博福特乳酪
50cl 牛奶
30g 麵粉
30g 奶油
少許肉豆蔻
鹽及胡椒
工具：
烤盤

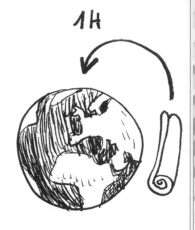

烤爐預熱至 160℃。將方塊麵放入加鹽的沸水中煮 20 分鐘左右。以煎鍋融化奶油，一次加入所有麵粉*、牛奶，以木杓攪拌 3 分鐘，接著再加入肉豆蔻、稍微調味（生火腿已有鹹味）。博福特乳酪切小丁，生火腿切細。將蕎麥麵和白醬、生火腿拌勻，撒上博福特乳酪丁，放進 160℃ 烤爐烤 20 分鐘。

＊為什麼要一次加進所有麵粉？可以和奶油混和得更均勻，當作麵糊。

27 feb

乳酪火鍋
6人份

準備時間20分鐘

400g 康堤乳酪
400g 博福特乳酪
200g 愛蒙塔爾乳酪
30cl 薩瓦本地的 Apremont 白葡萄酒
1 茶匙肉豆蔻
1 茶匙玉米粉
1 杯櫻桃利口酒
1 瓣大蒜
2 條隔日的法國麵包
胡椒
工具：
乳酪火鍋的專用鍋

＊為什麼要用蒜瓣擦拭鍋子？一來可以趕走吸血鬼，二來，大蒜會帶來好風味。

＊＊玉米粉有什麼作用？可以讓乳酪鍋底更濃稠。如此一來，麵包丁才可以沾起更多的乳酪。

所有乳酪切丁。用蒜瓣擦拭專用鍋*，加入白酒、肉豆蔻，乳酪丁分次加進鍋裡，期間需持續攪拌。將玉米粉**倒入櫻桃利口酒中攪勻，加入乳酪鍋裡攪拌。待乳酪濃稠後，加入胡椒調味，以切丁麵包沾著吃。

28 feb

核桃塔
6人份

準備時間20分鐘
烹調時間20分鐘

塔皮：
200g 麵粉
100g 烘焙用杏仁粉
150g 奶油
100g 糖
1 顆蛋
餡料：
200g 核桃仁
150g 糖
50g 薄鹽奶油
10cl 液狀鮮奶油
工具：
擀麵棍
烤爐預熱至 180℃。

奶油切小丁，放在室溫中軟化。混和麵粉、糖、杏仁粉，加入奶油後用手掌壓勻麵糊，加入蛋，重複相同動作。用烤紙捲起塔皮，冷藏 1 小時*。將塔皮鋪在烤紙上擀薄，以 180℃烤 20 分鐘，塔皮這時應該烤出金黃色。
將糖放入厚底鍋，加入 1 湯匙水，煮成金黃色的半透明焦糖醬（一開始糖會結晶，然後慢慢變黃，逐漸呈半透明）。這時加入奶油和液狀鮮奶油，繼續煮 2 分鐘，材料呈均質之後再加入核桃仁。將餡料倒在塔皮上，放冷即可享用。

＊塔皮為什麼要先冷藏？冷麵糰比較容易操作，因為奶油冷凝成固態了。

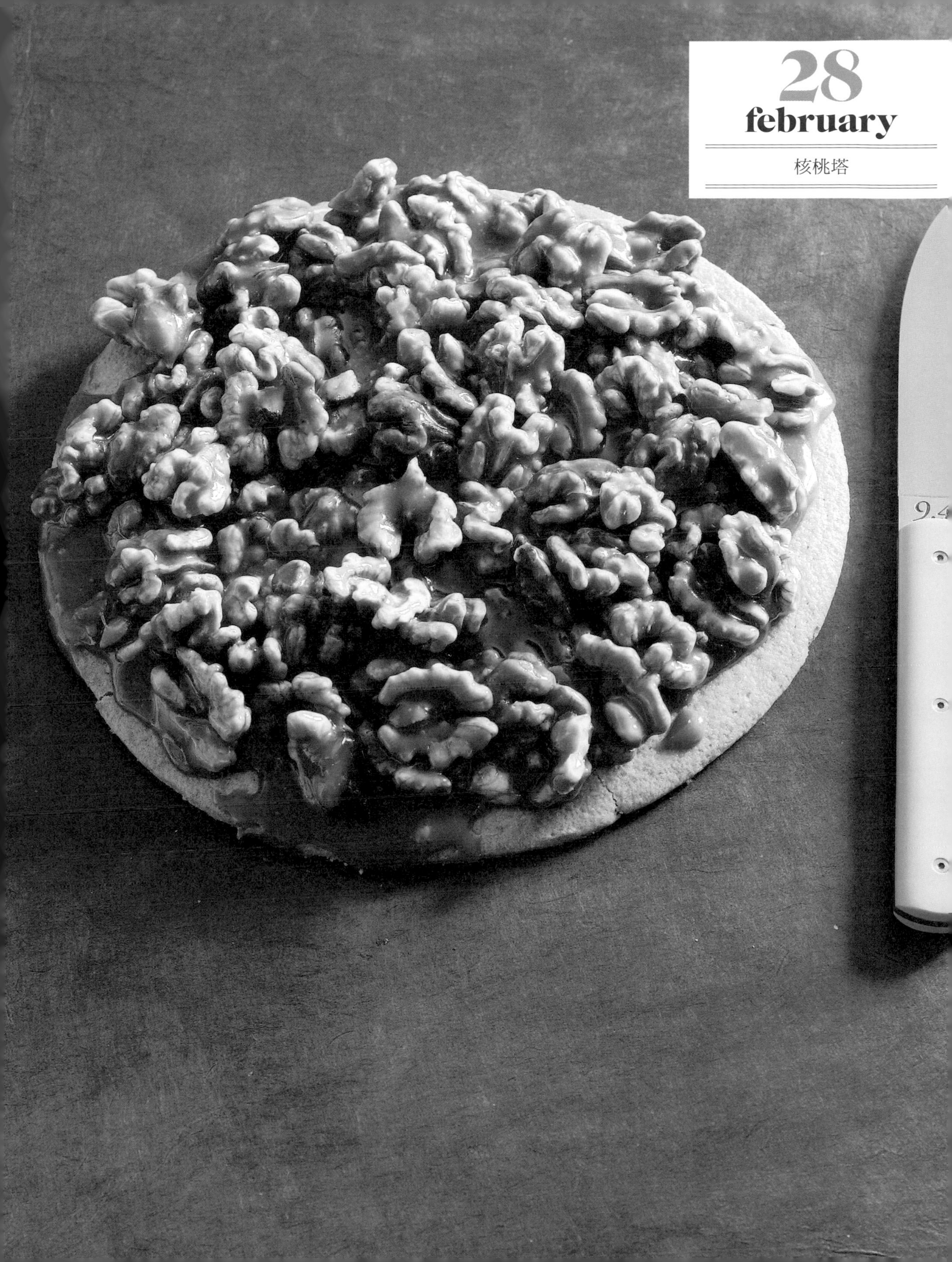

28 february

核桃塔

罕見啊，罕見

這份食譜出自丹尼爾·塔迪 (Daniel Tardy) 的《享受人生小指南》：從牛肚到康庫瓦約特軟乳酪，下廚真是享受。

為了向生於某年 2 月 29 日的漫畫家波立密·康庫瓦約特 (Polymnie Cancoyotte)（《工兵卡蒙貝》的創作者）致敬，我在此獻上簡單又美味的康庫瓦約特乳酪火鍋食譜。

康庫瓦約特軟乳酪的產地是法國東部的弗朗什-孔泰 (Franche-Comte) 區。這種乳酪的味道相當重，質地軟到幾近濃稠，有些嘴壞的人老愛說康庫瓦約特黏到可以拿來糊家裡的壁紙，或像手淫之後的產物！一般常見原味、奶油口味、蒜味或老白酒口味的罐裝康庫瓦約特。

2 人份，2 個忘了情人節的人，在 2 月 28 日午夜鐘敲 12 響時（最好是弗朗什-孔泰區本地的鐘），點起 1 枝大蠟燭。

將康庫瓦約特放在陶碗（或乳酪火鍋專用鍋）裡以蠟燭加熱到隔天早上。講究一點的人會整夜輪流拿陶碗，但若你有合適的架子，就可以上床去睡覺。通常，刺鼻的味道會讓你在早上四點醒過來！別開窗！要忍著！記住現在是冬天，暖氣很貴！何況這時更不該喉嚨痛！起床，趕緊水煮 4 顆圓潤的馬鈴薯和 1 條正統莫爾托香腸（又是弗朗什-孔泰區的另一項特產）。香腸煮熟之後切半，分別直插在 2 個熱盤子的 2 顆馬鈴薯之間，澆下加熱過後的康庫瓦約特乳酪，讓熱乳酪沿著直立的香腸慢慢往下流，以最具藝術感的路線覆蓋住馬鈴薯。刨些生薑。和你的另一半享受美食，接著愉快地回到床上：這種事四年才一次！

註記：毫無疑問，這份食譜的來源與 2 月有 29 天的「閏年」有關。沒錯，這個名詞*長相怪得很！

◎譯註：年法文為：bissextile。

29 feb 蔬菜豬肉鍋

6 人份

準備時間 20 分鐘
烹調時間 1.5 小時

6 條土魯斯香腸
250g 煙燻五花肉
500g 薄鹽豬腩排
500g 薄鹽梅花肉
1 束法國香草束
2 顆洋蔥
6 塊防風草根
6 顆馬鈴薯
3 湯匙莫城（Meaux）芥末籽醬
1 把扁葉巴西里

將所有肉及肉製品放進深底大鍋裡，蓋滿水，加入法國香草束、去皮洋蔥，加蓋烹煮 1 小時。防風草根、馬鈴薯去皮後整顆加進肉湯裡，繼續煮 30 分鐘。將肉和蔬菜放在盤子上，湯汁收乾成高湯 *，加上芥末籽醬，淋在蔬菜和豬肉上。最後撒上大致切碎的巴西里葉。

＊ 如何去除高湯的油脂？烹煮時，不時撈掉浮渣。

瑪麗 & 雷昂

親愛的螯蝦

廚藝乏善可陳的瑪麗・瓦許果嫁給老饕雷昂之初，很愛盯著家中住滿各種小魚的水族箱看，這種寧靜的感覺讓她著迷。雷昂覺得瑪麗的舉止太怪異，決定為他的水族箱添加一點陽剛之氣，於是養了隻好脾氣的螯蝦。

奧馬——雷昂養的這隻龍蝦——像極了穿著軟鞋的教宗，看到瑪麗的魚就驕傲地高舉前螯以示恫嚇。奧馬眼裡只有雷昂，而雷昂對奧馬也情有獨鍾。瑪麗發現情況不對，這種獨佔的感情不能繼續下去。網子一撈，砧板一放，她像垂簾聽政的國王情婦龐畢度夫人，一聲令下，螯蝦什麼都沒看見，劊子手的刀鋒便從奧馬的雙眼之間劃下。螯蝦奧馬夾在瑪麗報復的笑臉和雷昂貪享美食的苦笑之間（儘管如此，他們還是一人吃下半隻螯蝦！）。雷昂表示：「螯蝦死都死了，還是下鍋去吧。」奧馬犧牲性命換來歡樂，向我們的朋友，向奧馬千千萬萬的同胞致意吧。

而因此，瑪麗在她使不開手腳的廚房裡又留下一段佳話。

他們瘋了！
8月說不定有32天！

30 feb

香料奶油螯蝦
6人份

準備時間20分鐘
烹調時間15分鐘

3 隻活螯蝦
1 名劊子手
150g 奶油
1 湯匙茴香酒
1/2 把龍蒿
1/2 把羅勒
50g 隔夜的乾麵包
1 顆紅蔥頭
橄欖油
鹽及胡椒

烤爐預熱至180℃。商請劊子手將螯蝦活剖成兩半。用橄欖油起油鍋，螯蝦肉朝下煎2分鐘，加入茴香酒，然後翻面放進180℃烤爐中烤5分鐘。紅蔥頭去皮後，和奶油、硬麵包和香料打成泥，調味。在螯蝦抹上厚厚的香料奶油，再烤3分鐘後，出爐後隨即享用。

March

時令蔬果

綠甘藍
馬鈴薯
馬鈴薯（方特尼品種）
荷蘭豆
四季豆
豌豆
蠶豆
小蕪菁
櫻桃蘿蔔
皺葉綠甘藍
洋菇
小紅蘿蔔

魚貝蝦蟹

狗魚
鮟鱇魚
花枝
淡菜
竹蟶
野生棕鱒

肉類及肉製品

羊腿肉
羊肩肉
烤牛肉
小牛肝
土雞
小牛肉
法式內臟腸（5A級）
小牛腳
生火腿
煙燻五花肉
西班牙辣香腸
風乾鴨胸肉

乳酪

聖摩爾山羊乳酪
山羊乾酪

精緻美食

普宜地區特產綠色小扁豆
義大利乾麵捲
笛豆
罐裝蝸牛

---

01 亞爾邦
洋蔥、蝦夷蔥鹹派

02 查爾
羊乳酪培根捲

03 關諾莉
羊肉甘藍捲

08 昂佛瓦
花枝沙拉

09 法藍斯
火腿義大利麵

10 薇薇安
小牛肝佐覆盆子醋

15 露意絲
鱒魚佐杏仁片

16 班奈迪特
傳統義大利麵捲

17 派翠克
挪威式蛋白塔

22 麗亞
迷迭香大蒜烤羊肩

23 維多麗安
春季燉小牛肉

24 貝絲
狗魚長條魚丸

29 葛拉迪
烤牛肉佐鯷魚

30 雅枚黛
巧克力薄塔

31 班哲明
傳統法式烤蝸牛

04 卡西米爾 老式煎蛋	**05** 奧立夫 烤鮟鱇魚	**06** 柯蕾特 烤布丁	**07** 費麗西蒂 核桃巧克力熔岩蛋糕
11 蘿馨 辣香腸拌淡菜	**12** 苣絲婷 鴨胸肉佐小扁豆	**13** 羅德里克 烤雞佐羊乳酪	**14** 瑪蒂德 龍蒿竹蟶
18 西利爾 鮟鱇魚佐白酒奶油	**19** 約瑟夫 巧克力慕斯	**20** 普藍登 蔬菜塔吉鍋	**21** 克雷蒙絲 笛豆
25 安伯 白煮蛋佐美乃滋	**26** 菈哈 白酒內臟腸	**27** 亞伯 春季蔬菜湯	**28** 肇特昂 小牛腳沙拉

01 02 03 04

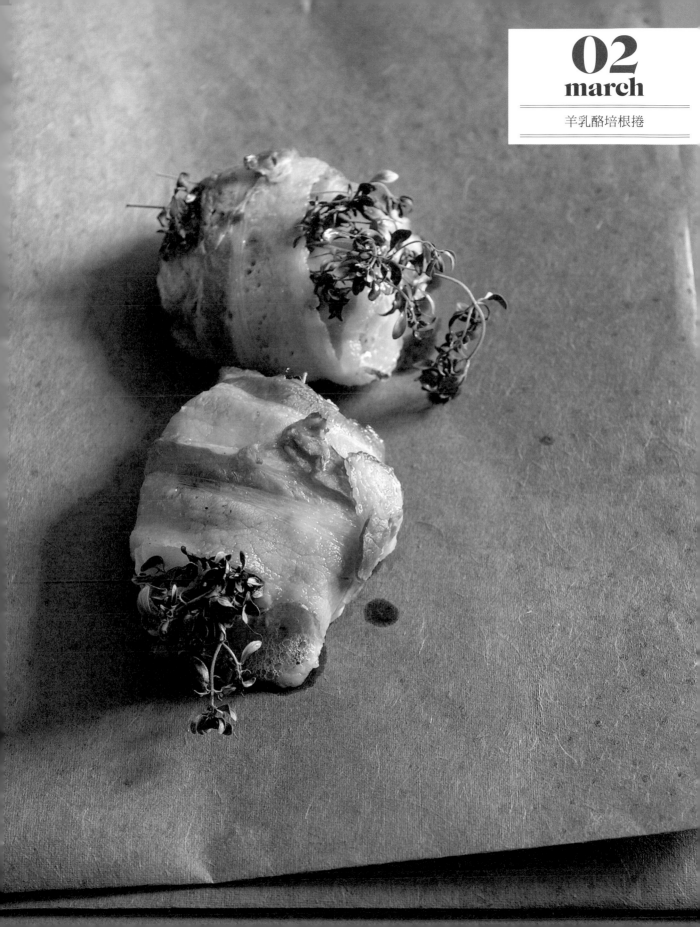

01 mar

洋蔥、蝦夷蔥鹹派
6人份

準備時間20分鐘
烹調時間20分鐘

1 片派皮
5 顆洋蔥
3 顆蛋
40cl 牛奶
1 把蝦夷蔥
少許肉豆蔻
鹽及胡椒

烤爐預熱至 160℃。洋蔥去皮蒸 10 分鐘左右，切成兩半。蝦夷蔥切碎。打勻蛋汁，加入牛奶、肉豆蔻、蝦夷蔥，調味。將派皮鋪在模底，倒入香料蛋汁，加至烤模一半高度*，將洋蔥平均分配放在派皮上。以 160℃ 烤 20 分鐘。

＊為什麼加至一半高度？之後放進去的洋蔥會補滿空間，蛋汁高度會跟著往上升。

02 mar

羊乳酪培根捲
6人份

準備時間10分鐘
烹調時間10分鐘

6 塊硬質羊乳酪
12 片煙燻培根
6 枝百里香
6 枝迷迭香
10cl 橄欖油

烤爐預熱至 160℃。煙燻培根 2 片 1 組，擺成十字交叉狀。將 1 枝百里香放在十字的交叉點，再放上 1 塊羊乳酪。拉起十字的四端包起培根捲，用 1 枝迷迭香叉住固定，淋上橄欖油。在烤盤上鋪好烤紙，將培根捲以 160℃ 烤 10 分鐘左右。搭配爽脆的皺葉萵苣*當開胃菜上桌。

＊皺葉萵苣沙拉調味醬：調配芥末口味油醋醬，加入1茶匙Amora鮮味露。如果和朋友在一起不妨加入幾顆切薄的洋蔥，若是和愛人獨處則不予推薦，羊乳酪味道已經夠重了，何況還加上洋蔥！

03 mar

羊肉甘藍捲
6人份

準備時間30分鐘
烹調時間20分鐘

1 顆皺葉綠甘藍
600g 吃剩的羊腿肉（已經煮熟的）
2 顆紅蔥頭
6 瓣大蒜
4 顆蛋
100g 長棍麵包
50g 松子
10cl 橄欖油
20cl 液狀鮮奶油
工具：6 個直徑 5cm 的蛋糕環

長棍麵包放入烤箱，以 140℃ 烤 15 分鐘烤乾。紅蔥頭、大蒜去皮切碎。麵包捏成粗屑，加入切碎的紅蔥頭和大蒜，以橄欖油拌炒至金黃色。加入松子，同樣煎至上色。烤爐預熱至 180℃。以絞肉機或調理機將羊肉絞碎，加入蛋、液狀鮮奶油和打勻的松子麵包屑，調味。摘下甘藍葉，取去中央粗梗。煮沸一鍋水，加少許鹽，甘藍葉浸泡 3 分鐘後，立刻取出過冰水。瀝乾甘藍葉的水份。在烤盤上鋪好烤紙。用 1 或 2 片甘藍葉當外襯墊*，墊在 5cm 蛋糕環內，填入羊肉餡後拉緊甘藍葉。淋上所有橄欖油，以 180℃ 烤 20 分鐘。熱食冷食皆宜。

＊襯墊：以另一種食材墊蛋糕環。可以用烤紙、奶油、麵粉、甘藍葉等等材料來墊蛋糕環。小心可能會導致脫膜失敗的縐折，而且有縐折看起來不美觀！

04 mar 老式煎蛋

6人份

準備時間5分鐘
烹調時間3分鐘

12 顆農場蛋
20g 奶油
葵花籽油
葡萄酒醋
少許鹽及胡椒

一次將 2 顆蛋敲進碗裡 *。在不沾鍋裡以油融化奶油，溫度要夠高。將所有的蛋倒入鍋中煎 2 到 3 分鐘，調味，加入少許醋。

若搭配的烤麵包好吃，蛋就好吃：布里歐麵包配聖莫瑞乳酪和蜂蜜；吐司佐奶油、芥末籽醬和水煮火腿；義式麵包棒裹上燻鮭魚；法國麵包片佐番茄大蒜；香料糕餅配洛克福乳酪；鄉村麵包佐橄欖酸豆醬和鰻魚……不僅止於此！

＊為什麼不把雞蛋直接敲進煎鍋裡？我們可能買到壞掉的蛋，而且只有敲開後才會發現。如果直接敲進煎鍋裡，所有其他的好蛋都要一起倒掉。想煎出漂亮、平滑的煎蛋，可以藉助煎蛋模。至於敲破的蛋黃，則可以留下來用在別的佳餚上。

05 mar 烤鮟鱇魚

6人份

準備時間20分鐘
烹調時間15分鐘

1 尾漂亮的鮟鱇魚
10 片煙燻培根
100g 新鮮菠菜
8 顆紅蔥頭
100g 希臘風黑橄欖
4 片油漬鰻魚
2 瓣大蒜
4 湯匙橄欖油

烤爐預熱 180℃。鮟鱇魚去皮 *，片下魚肉 **。蒜瓣和紅蔥頭去皮。紅蔥頭切薄片。黑橄欖去籽，加入鰻魚和大蒜以食物調理機打碎。培根重疊平鋪（長度須與魚片相同），鋪上菠菜葉、鮟鱇魚片（背對菠菜）。抹上橄欖鰻魚醬後，鋪上第二層魚片（頭尾與第一層相反），捲起培根以棉線綁住。橄欖油爆香紅蔥頭，放入培根捲煎焦表面。最後將培根捲放入烤爐，以 180℃烤 10 分鐘。

＊去魚皮：以刀尖在魚身上劃一刀，然後剝下魚皮。我已經看到你一手拿刨子一手抓魚，急著想知道有什麼竅門。

＊＊片魚肉：不是要你和赤裸裸的鮟鱇魚調情，而是要你用銳利的刀子沿著中央大骨橫剖下魚肉。

06 mar 烤布丁

6人份

準備時間20分鐘
烹調時間45分鐘
放置冰箱 1 個小時
1l 全脂牛奶
1 支香草莢
8 顆蛋
200g 糖 2 份
工具：
6 個小烤盅

將 200g 糖和 10cl 水攪拌均勻，倒入厚底鍋加熱，煮出棕色焦糖 *（糖水會先變化為白色硬塊 **，接著才開始焦糖化）。將焦糖倒入 6 個小烤盅。將另外 200g 糖加入蛋汁中打發，打成淡色泡沫 *** 後，倒入牛奶（你事先已經將香草籽刮下，加進牛奶裡了）。將布丁材料倒入杯中，放入烤爐，以 150℃隔水烤 45 分鐘。放涼後，拿刀子沿著杯內劃一圈，再倒出成品。

＊焦糖顏色深淺會依烹煮時間長短而不同。在糖水開始焦糖化之後，繼續煮到2到3分鐘，焦糖的顏色就會更深。

＊＊糖水會先結成白色的硬塊。

＊＊＊ 為什麼？加了糖的蛋汁打到顏色變淺而且出現泡沫，表示糖和蛋黃混合得很均勻。

瑪麗 & 雷昂

沖冷水澡與隔水加熱

廚藝乏善可陳的瑪麗·瓦許果嫁給老饕雷昂之初，若不在浴室就在圖書館裡，完全不理會丈夫的失望，對廚房視若無睹。某天，為了滿足丈夫對美食日益高漲的慾望，瑪麗決定把蛋、糖和牛奶打在一起。她把準備好的材料倒入小模子裡，排列在裝了水的烤盤上（沒辦法，這是習慣）放進烤爐，回頭去從事她最愛的活動：泡澡。雷昂回到家，聞到瀰漫屋裡的香味，心裡很驚訝。他衝進廚房，看到模子裡的布丁輕聲呼嚕嚕地冒泡，瞬間，他的牙齒彷彿變成了剃刀，口水就像氾濫的尼羅河水。30分鐘後，雷昂瀕臨崩潰，憤怒地吼道：「我餓了，趕快從浴盆裡出來，瑪麗！」（◎譯註：法文隔水加熱為bain-marie，直譯為「瑪麗澡」，雷昂這句話是雙關語，也可解釋為：把隔水加熱的東西拿出來。）

在廚房裡毫無用武之地的瑪麗，從此成了美名傳頌千古的瑪麗。

核桃巧克力熔岩蛋糕

6人份

準備時間10分鐘
烹調時間10分鐘

200g 牛奶巧克力
50g 玉米粉
100g 糖
100g 奶油
100g 整顆核桃仁
4 顆蛋
1 顆柳橙的皮絲 *
工具：
熔岩蛋糕模 20x15cm

* 皮絲： 刨下柳橙、檸檬等柳橙類水果1mm厚度的皮絲，不能帶有白色果皮部分，只取果皮最外層。

** 隔水加熱： 將裝了食材的容器放在另一個裝滿沸水的大容器中。

以隔水加熱方式 ** 融化牛奶巧克力和奶油。將加了糖的蛋汁打發成淡色泡沫，再加入玉米粉，接著加入所有其他材料（巧克力、核桃仁、柳橙皮絲）。將混合材料倒入預先塗了奶油和麵粉的烤模，以 160℃ 烤 10 分鐘左右。上桌前先放涼（熔岩的軟硬度依烘焙時間長短而不同）。

08 mar

花枝沙拉
6人份

準備時間20分鐘
烹調時間5分鐘

放置 1 小時
600g 處理乾淨的白色花枝身 *
6 枝大頭蔥
2 顆檸檬榨汁
2＋1 湯匙葵花籽油
2 湯匙糖
2 湯匙魚露
1 湯匙米醋
1/2 把芫荽

＊處理過後的白色花枝身要哪裡買？你可以去麵包店或乾洗店找找，但最理想的地點還是海鮮舖。

＊＊為什麼要在花枝上劃格紋？花枝很容易變韌，劃幾刀可以保持柔軟。

檸檬汁加入魚露、2 湯匙葵花籽油、米醋、糖，拌勻。將花枝身切成大小相仿的三角形後，以刀尖在表面劃出菱格 ＊＊。大頭蔥切細拌入魚露醋中。以橄欖油起油鍋，將花枝塊每面各煎 2 分鐘後（但中心應該維持半透明），放入大頭蔥魚露醬汁中。冷藏 1 小時後再上桌。最後撒上切碎的芫荽葉。

09 mar

火腿義大利麵
6人份

準備時間15分鐘
烹調時間10分鐘

400g 義大利麵條
3 片生火腿
1 顆檸檬
6 瓣大蒜
50g 刺山柑漿果 *
3 湯匙橄欖油
鹽及胡椒

之前

＊果肉：檸檬的白色果皮層必須剝乾淨，以刀子劃開檸檬瓣取出果肉，挑掉檸檬籽。

◎編註：又稱續隨子漿果，英文為 Caperberry。Caper 是酸豆，為該植物的花蕾；Caperberry 則是果實的部分。

之後

水中加鹽煮沸，放入義大利麵，加入 1 湯匙橄欖油，煮 7 分鐘。撈起，過冰水。火腿切成細絲。蒜瓣去皮，約略切碎。檸檬去皮後取出果肉 *。以橄欖油起油鍋拌炒生火腿絲，加入麵條、檸檬果肉和刺山柑漿果，調味。

10 mar

小牛肝佐覆盆子醋
6人份

準備時間15分鐘
烹調時間15分鐘

6 塊厚的小牛肝
6 顆馬鈴薯
1 把巴西里
2 顆紅蔥頭
1 片乾掉的吐司
2 湯匙覆盆子醋
10cℓ 橄欖油
50g 奶油
鹽及胡椒

馬鈴薯削皮後切成薄片，放入煎鍋，以 50g 奶油和 2 湯匙油煎 10 分鐘左右，期間不時翻面。將吐司、巴西里、橄欖油、覆盆子醋以食物調理機打勻。紅蔥頭去皮剁碎，放入加了奶油的鍋裡爆香，放入小牛肝，每面各煎 2 分鐘（生熟度取決於各人喜好），調味，取出小牛肝，用巴西里油醋將煎肉時沾在鍋底的肉末調勻成湯汁 *。裝盤時將小牛肝放在馬鈴薯片最上方，淋上一圈巴西里油醋 ＊＊。

＊ 即déglacer。

＊＊ 即faire un cordon，以醬汁或油等等材料沿著盤子邊緣畫一個圈。

11 mar

辣香腸拌淡菜
6人份

準備時間10分鐘
烹調時間10分鐘

3l 淡菜
150g 切片西班牙辣香腸
1 把芫荽
4 顆紅蔥頭
4 瓣大蒜
2 湯匙橄欖油
20cl 白葡萄酒
50g 奶油

＊ 洗淨淡菜：請海鮮舖清理，或是自己用刀刮乾淨。

＊＊ 出水：和大火爆香不同，紅蔥頭不必上色。

大蒜、紅蔥頭去皮切碎。辣香腸切 5mm 細絲。洗淨淡菜＊，紅蔥頭放入橄欖油熱鍋中出水＊＊3 分鐘，放入大蒜和辣香腸絲、白酒、奶油、繼續小火滾煮 5 分鐘。放入淡菜，加蓋煮 5 分鐘，並不時攪拌。上桌前撒上切碎的芫荽葉。不必調味，因為淡菜本身已有鹹度，辣香腸口味也夠重。

12 mar

鴨胸肉佐小扁豆
6人份

準備時間15分鐘
烹調時間20分鐘

200g 普宜地區 (Puy) 特產綠色小扁豆
4 顆馬鈴薯
（方特尼 Fontenay 品種）
1 束法國香草束＊
100g 風乾鴨胸肉
100g 油漬番茄
1 把扁葉巴西里
1 顆紅蔥頭
1 茶匙芥末醬
1 湯匙蘋果醋
4 湯匙核桃油
鹽及胡椒

細繩

＊ 自製香草束：將韭蔥綠色部分、月桂葉、巴西里梗和新鮮百里香綁成小束即可。

＊＊小扁豆為什麼和馬鈴薯一起煮？因為兩者水煮時間長短相同。

將小扁豆、去皮馬鈴薯、法國香草束＊＊ 放進平底深鍋的冷水中煮 20 分鐘後瀝乾。紅蔥頭和馬鈴薯去皮後切碎。混合芥末醬、醋和核桃油，拌入紅蔥頭和馬鈴薯。鴨胸肉和番茄切薄片，巴西里葉剁碎，將所有材料拌在一起，調味。溫食冷食皆可。

13 mar

烤雞佐羊乳酪
6人份

準備時間15分鐘
烹調時間60分鐘

1 隻土雞
6 顆紅蔥頭
6 瓣大蒜
6 條小紅蘿蔔
1 塊新鮮的聖摩爾山羊乳酪 (sainte-maure)
1 湯匙乾燥迷迭香
10cl 橄欖油
鹽及胡椒

烤爐預熱至 160℃。土雞剁成 8 塊（大腿、小腿、雞胸、雞翅）。小紅蘿蔔削皮。將雞肉、整條未切的小紅蘿蔔、帶皮紅蔥頭和蒜瓣一起放入烤盤，淋上橄欖油，撒上迷迭香，以 160℃烤 45 分鐘，期間不時舀起烤出的雞湯淋在雞肉上＊。取出烤盤，直接加入剁碎羊乳酪後，繼續烤 15 分鐘。調味，直接以烤盤端上桌。

＊ 為什麼要淋雞湯？否則雞肉會太乾。

14 mar

龍蒿竹蟶
6人份

準備時間2小時
烹調時間5分鐘

30 個竹蟶 *
10cℓ 葡萄酒醋
1 把龍蒿
1 顆紅蔥頭
1 湯匙茴香酒
80g 奶油
鹽及胡椒

＊竹蟶有季節性嗎？
整年都吃得到。

＊＊為什麼要吐沙？
竹蟶和鴕鳥一樣都藏在沙子裡，浸泡在加醋的水中，可以讓竹蟶吐出「假日的回憶」。

上桌前 2 小時，把竹蟶放進醋水中吐沙 **（1ℓ 水搭配 20cℓ 醋），取出後洗淨。摘下龍蒿葉，紅蔥頭去皮切碎。將龍蒿葉、紅蔥頭、奶油和茴香酒一起拌勻，煎鍋拌炒。奶油開始變色時加入瀝乾的竹蟶，輕輕拌炒 5 分鐘，調味後立刻上桌。

15 mar

鱒魚佐杏仁片
6人份

準備時間10分鐘
烹調時間10分鐘

1 個技術精良的釣客
6 條野生棕鱒
100g 杏仁片
6 顆紅蔥頭
1 顆檸檬榨汁
50g 麵粉
100g 奶油
鹽及胡椒

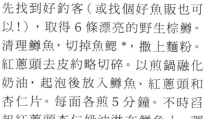

先找到好釣客（或找個好魚販也可以！），取得 6 條漂亮的野生棕鱒。清理鱒魚，切掉魚鰓 *，撒上麵粉。紅蔥頭去皮約略切碎。以煎鍋融化奶油，起泡後放入鱒魚、紅蔥頭和杏仁片。每面各煎 5 分鐘。不時舀起紅蔥頭杏仁奶油淋在鱒魚上，調味。上桌前，倒進檸檬汁將煎魚時沾在鍋底的碎末調勻成湯汁當佐料。

＊魚要怎麼清理？ 剖開魚肚，剪開魚鰓根部，取出內臟。

16 mar

傳統義大利麵捲
6人份

準備時間30分鐘
烹調時間30分鐘

18 片乾的義式加乃隆麵捲
800g 吃剩的熟肉（牛肉、羊肉、豬肉、雞肉……）
1 把巴西里
6 瓣大蒜
2 枝檸檬草
4 片吐司
20cℓ 液狀鮮奶油
100g 康堤乳酪
1 茶匙法國四香粉
（qutre épices）
1 罐 400g 的去皮番茄
2 湯匙濃縮番茄糊
橄欖油
鹽及胡椒
工具：
擠花袋

烤爐預熱至 160℃。大蒜去皮切碎，以橄欖油爆香。巴西里、檸檬草切碎。將吐司兩面快速沾抹液狀鮮奶油。將肉、土司和鮮奶油以食物調理機打勻，加入切碎的大蒜、巴西里、檸檬草和法國四香粉，調味。將材料放入擠花袋，擠入 * 乾麵捲內，放進烤盤。去皮番茄大致以食物調理機打勻後加入番茄糊，將綜合番茄糊淋在麵捲上，接著撒上碎康堤乳酪，以 160℃ 烤 30 分鐘。

＊為乾麵捲擠餡料： 拿起乾麵捲，以拇指抵住底端，否則會弄得不可收拾。用擠花袋從上端擠入餡料。既然你已經用拇指抵住底端，要從底端灌入餡料應該很不容易吧？

瑪麗 & 雷昂

Jeg Forstår ikke

（◎譯註：挪威文，意思是「我不懂」）

廚藝乏善可陳的瑪麗·瓦許果嫁給老饕雷昂之初，經常在滑雪道上和度假地的酒吧往返流連，完全不理會丈夫的失望，對廚房視若無睹。某天晚上，瑪麗突然覺得懊悔，認為自己不該如此忽視廚藝。她在坡道上解決了所有紅酒（這裡說的不是高難度的紅線坡道）之後，決定讓自己的男人得到滿足，她在喝下兩口美酒之間的時間想到：「用手指餅乾、果醬、蛋白、香草冰淇淋就可以搞定。」

「老公你回來了，想來些甜點嗎？是我親手做的。我正要喝點酒取暖，這地方還真冷。」這時候她絆倒了，櫻桃利口酒燒了起來，白嫩的蛋白塔瞬間起火。

這一跌，讓在廚房裡毫無用武之地的瑪麗寫下自己的故事。

17 mar

挪威式蛋白塔
6人份

準備時間20分鐘
放置30分鐘

1l 威士忌香草冰淇淋
10 個手指餅乾
1 罐紅醋栗果醬
6 個蛋白（拿蛋黃去做烤布蕾，不要浪費）
100g 白砂糖 2 份
10cl 櫻桃利口酒 2 杯

用 100g 糖加 20cl 水和 10cl 櫻桃利口酒製作糖漿＊，趁熱泡入手指餅乾，排列在和冰淇淋盒大小相同的烤盤上。在餅乾上塗滿紅醋栗果醬。將蛋白完全打發至尖端挺立，加入糖，繼續打。將打發的蛋白霜放入擠花袋。倒出盒裝冰淇淋，放在餅乾上，將紅醋栗果醬淋在冰淇淋上，最後擠上一層蛋白霜。放入冰箱冷藏 30 分鐘。10cl 櫻桃利口酒加熱，點火柴燒去酒精＊＊。趁燃燒時淋在蛋白上。

＊ 製作糖漿：以水煮糖。

＊＊為什麼要點火柴去燒正在加熱的利口酒，而不是之後再燒？淋在蛋白上的利口酒冷得太快，無法點燃，而且3月的玩笑聲就像下個不停的冰雹，先點火燒，免得之後起火燒起來。

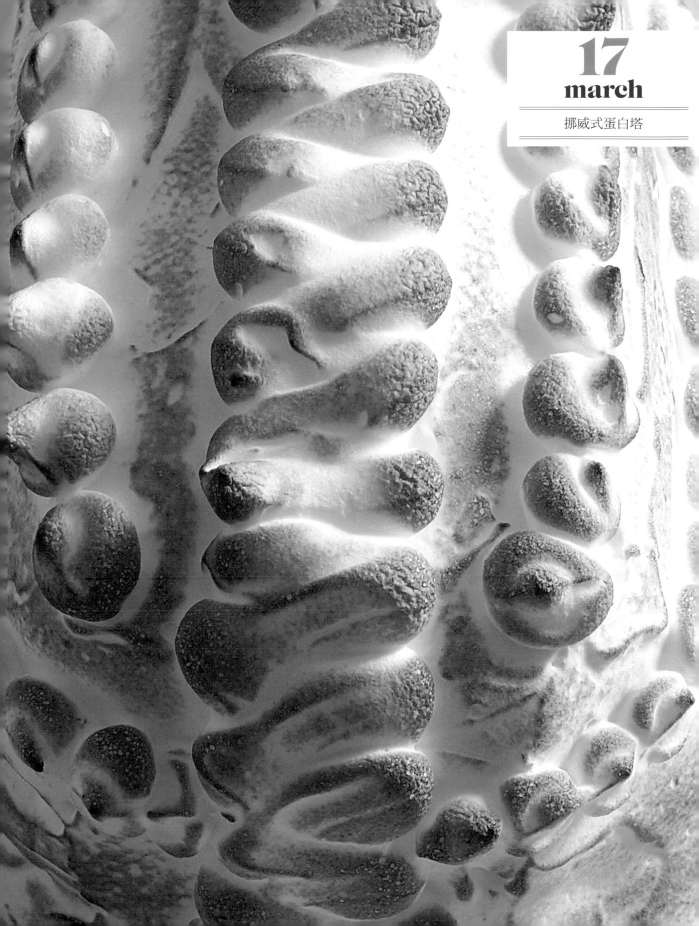

18 mar

鮟鱇魚佐白酒奶油
6人份

（◎譯註：聖賀伯Saint-Herbert為獵人的守護天使。）

準備時間20分鐘
烹調時間20分鐘

1 尾 1.2kg 鮟鱇魚
2 顆紅蔥頭
200g 荷蘭豆
200g 四季豆
200g 去莢豌豆
200g 去莢蠶豆
150g 奶油
20cl 白葡萄酒
鹽及胡椒

＊**蔬菜烹煮時間**：
豌豆5分鐘，四季豆
15分鐘，荷蘭豆10分
鐘，蠶豆30秒。

＊＊**過冰水**：泡入冰
水中。

＊＊＊**奶油切丁？**比
較容易拌打。

＊＊＊＊**白酒奶油**：
在收乾的紅蔥頭白酒
中拌打奶油。

鮟鱇魚去皮，取下魚片，再各切成
6 小塊。蔬菜分別放入加鹽的沸水
中，煮至外軟內稍硬＊，撈起，過冰
水＊＊。紅蔥頭去皮切薄片。在鍋內
加入白酒及紅蔥頭煮沸，收至幾乎
全乾。奶油切丁＊＊＊，放入白酒紅
蔥頭鍋內，開小火拌打（溫度不能
太高，白酒奶油＊＊＊＊應該保持乳
狀）。蔬菜、鮟鱇魚蒸熟，調味，淋
上大量白酒奶油醬。

20 mar

蔬菜塔吉鍋
6人份

準備時間20分鐘
烹調時間20分鐘

100g 四季豆
100g 荷蘭豆
100g 去莢豌豆
1 把小蕪菁
1 把櫻桃蘿蔔
1/2 顆皺葉綠甘藍
3 條小紅蘿蔔
3 顆洋蔥
3 瓣大蒜
20cl 蔬菜高湯
1 茶匙芫荽籽粉
1 茶匙孜然粉
1 顆檸檬
橄欖油
鹽及胡椒
工具：
1 個塔吉鍋

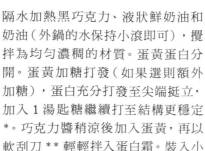

19 mar

巧克力慕斯
6人份

準備時間20分鐘
放置2小時

300g 黑巧克力
20cl 液狀鮮奶油
20g 奶油
5 顆蛋
120g 糖（額外選項）

＊充分打發加了砂糖
的蛋白霜，可以讓蛋
白霜的結構更穩定。

＊＊**為什麼要用軟刮
刀？**使用扁平、有彈
性的烘焙用刮刀可以
刮起蛋白霜，不至於
讓蛋白霜崩塌。

隔水加熱黑巧克力、液狀鮮奶油和
奶油（外鍋的水保持小滾即可），攪
拌為均勻濃稠的材質。蛋黃蛋白分
開。蛋黃加糖打發（如果選則額外
加糖），蛋白充分打發至尖端挺立，
加入 1 湯匙糖繼續打至結構更穩定
＊。巧克力醬稍涼後加入蛋黃，再以
軟刮刀＊＊輕輕拌入蛋白霜。裝入小
模杯裡，靜置 2 小時，冷卻後享用。

＊加水弄溼：調皮！

＊＊**用塔吉鍋烹調的
好處**：這種鍋子可以
慢速烹煮或蒸煮，食
材的味道會更精粹。

在蒂頭上方 1cm 處切下小紅蘿蔔、
櫻桃蘿蔔、小蕪菁，去皮。將小紅蘿
蔔和小蕪菁直剖成 2 或 4 份（視蔬
菜粗細而定）。洋蔥、大蒜去皮切薄
片，檸檬帶皮縱切成 6 等分。以少
許橄欖油起油鍋，加入芫荽籽粉和
孜然粉，爆香洋蔥和大蒜後再加入
所有蔬菜和檸檬，接著加進＊蔬菜
高湯。蓋上塔吉鍋蓋＊＊，以小火煮
20 分鐘左右，調味。

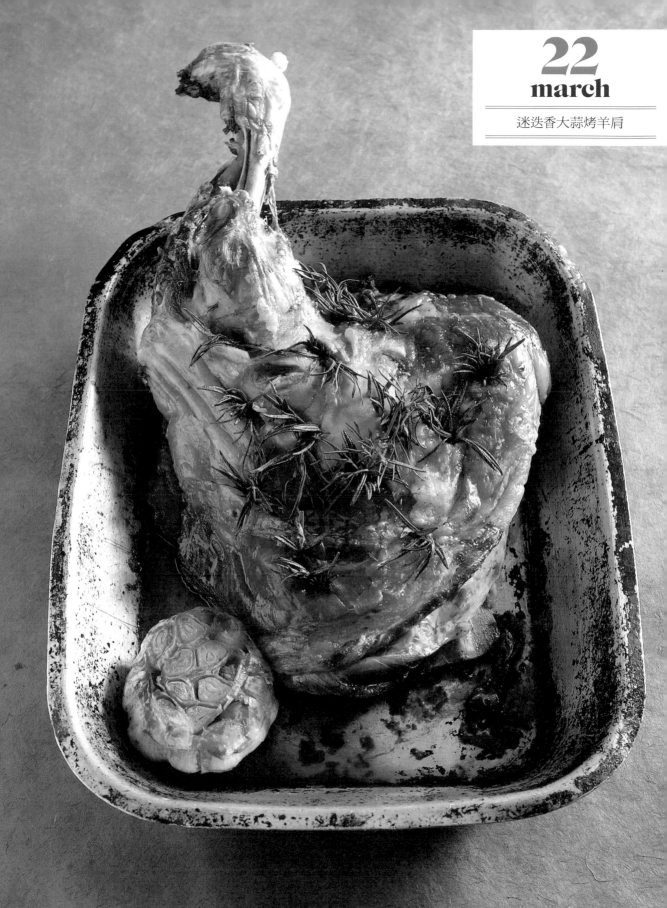

21 mar

笛豆
6人份

準備時間10分鐘
浸泡時間12小時
烹調時間1小時

500g 笛豆 (flageolets)
2 顆洋蔥
1 束法國香草束
3 瓣大蒜
1 小塊放老的生火腿
50g 奶油
3 湯匙濃縮液狀鮮奶油
鹽及胡椒

前一晚事先浸泡笛豆＊。洋蔥去皮切碎。火腿切細絲。以大燉鍋加奶油爆香洋蔥，加入整顆蒜瓣、笛豆、法國香草束，加水，水量高過笛豆2cm。以小火煮 1 小時，笛豆不至太鬆軟。上桌前加入濃縮液狀鮮奶油，調味。

＊浸泡笛豆：所有乾貨都一樣，放入大約3倍份量的水中浸泡，除了恢復水份，也較容易烹煮。

22 mar

迷迭香大蒜烤羊肩
6人份

準備時間20分鐘
烹調時間20分鐘
放置1夜

2 塊羊肩肉（若有剩下的肉丸也可派上用場）
2 蒜球
5 根迷迭香
橄欖油
鹽之花，粗磨胡椒

＊插上大蒜：以刀子在羊肉上切口，塞進大蒜。

＊＊為什麼要放置一夜？大蒜和迷迭香才會入味。

前一晚先剝開 1 個蒜球，將蒜瓣去皮後直剖兩半；迷迭香切成 5cm 小段。將大蒜與迷迭香插在 ＊羊肉上。淋上橄欖油，以鹽之花和粗磨胡椒調味，包上保鮮膜，在冰箱放置 1 夜＊＊。烤爐預熱至 200℃，另 1 個蒜球橫剖開，放在羊肩肉四周，以20 分鐘烤出半熟羊肉，爐烤期間不時以羊肉汁澆淋羊肉。

23 mar

春季燉小牛肉
6人份

準備時間20分鐘
烹調時間1.5小時

1.2kg 切成 5cm 肉丁的小牛肉
1l 蔬菜高湯
1 杯白葡萄酒
1 束法國香草束
1 顆塞 4 顆丁香的洋蔥
100g 四季豆
100g 荷蘭豆
100g 去筴豌豆
6 條小紅蘿蔔
2 湯匙濃縮液狀鮮奶油
1 個蛋黃
1 顆檸檬榨汁
1 湯匙麵粉（滿滿 1 湯匙）
50g 奶油
鹽及胡椒

奶油放入大燉鍋中拌炒小牛肉丁，加入 1 湯匙麵粉，炒至表面焦黃。以白酒和蔬菜高湯將鍋底的肉屑調勻成湯汁。加入洋蔥和香草束，滾煮1.5 小時，不必加蓋，隨時注意湯汁多寡（需蓋過肉丁）。小紅蘿蔔去皮，留下蒂頭。蔬菜分別放入加鹽的沸水中煮至外軟內稍硬＊，取出後立刻過冰水。濃縮液狀鮮奶油、蛋黃、檸檬汁攪拌均勻。蔬菜和肉丁加熱，關火，放置 5 分鐘，加入混合的檸檬蛋黃鮮奶油。調味後立刻上桌＊＊。

＊保留爽脆度。

＊＊為什麼要立刻上桌？加入鮮奶油之後就不該繼續烹煮，否則蛋黃會凝結。

瑪麗 & 雷昂

里昂長條魚丸
......

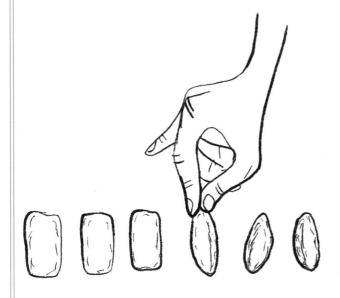

以 狗魚肉做成的長條魚丸是里昂傳統菜，瑪麗和雷昂・瓦許果特別喜歡這道佳餚。

你不能拿長條魚丸開玩笑，這一點也錯不得。魚丸是里昂當地絲綢紡織工的靈魂，是里昂歷代人母的回憶。這些母親在狹小的廚房裡展現絕技，讓飢餓的家人得到滿足，而里昂長條魚丸也讓她們在歷史上留下自己的美名。所以，只要叉起魚丸送入口中，我們就要記得向里昂足球隊致敬。

24 mar

狗魚長條魚丸
6人份

準備時間20分鐘
烹調時間20分鐘
放置1夜

350g 狗魚肉片
150g 小牛腰子油脂（或奶油）
4 顆蛋
180g 麵粉
30cℓ 牛奶
少許肉豆蔻
鹽及胡椒
工具
缽杵

＊ 為什麼要搗碎？腰子油脂搗碎後才能與魚肉攪拌成均質。

＊＊ 捏成繭形、酒瓶塞形都可以。繭形不錯，塞子形特別能展現里昂風貌（◎譯註：里昂本地小館亦稱為bouchon，與酒瓶塞同字）。

＊＊＊ 為什麼要要冷藏？油脂凝結後，魚丸較好操作，烹煮時不容易散開。

＊＊＊＊ 法文原文 Pocher

狗魚肉片去皮去骨。用缽杵將魚肉及小牛腰子油脂（高標準者專用）或奶油（適合觀光客）搗＊至均質。蛋黃蛋白分開。蛋黃與麵粉攪拌後，加入牛奶和肉豆蔻，放入平底深鍋，小火煮 10 分鐘左右，放涼。打發蛋白，至蛋白霜尖端挺立。混合魚漿和香料蛋黃漿，加入蛋白霜，調味。將材料捏成你心中的理想形狀＊＊，在冰箱放置 1 夜＊＊＊。以沸水煮＊＊＊＊魚丸，5 至 8 分鐘之後取出瀝乾。搭配龍蝦湯或番茄湯享用。

25 mar

白煮蛋佐美乃滋
6人份

準備時間20分鐘
烹調時間10分鐘

12 顆蛋
美乃滋：
1 顆蛋
1 湯匙芥末醬
1 湯匙葡萄酒醋
30cl 葵花籽油（或 20cl 葵花籽油＋10cl 橄欖油）
鹽及胡椒

輕輕把蛋放入裝滿沸水的鍋裡滾煮10分鐘，取出後過冰水，剝去蛋殼＊。

將蛋、芥末醬、醋放入大碗中，加入油、鹽和胡椒，以攪拌棒打勻。

傳統美乃滋另有變化版：
＋1 顆綠檸檬的皮絲和檸檬汁
＋1 湯匙液狀鮮奶油，1 茶匙咖哩粉，少許番紅花粉
＋1 把蝦夷蔥，1 根檸檬草
＋1 茶匙茴香酒，1 把龍蒿
＋1 湯匙番茄醬，1 湯匙干邑酒

＊ **輕鬆剝下蛋殼的秘訣**：將室溫的蛋放進沸水煮熟之後再過冰水。

27 mar

春季蔬菜湯
6人份

準備時間10分鐘
烹調時間20分鐘

200g 四季豆
200g 去筴豌豆
100g 荷蘭豆
1 把櫻桃蘿蔔
2 顆洋蔥
100g 義大利麵條
1l 蔬菜高湯
1 把羅勒
50g 帕瑪森乳酪
1 瓣大蒜
1 湯匙松子
橄欖油
鹽及胡椒

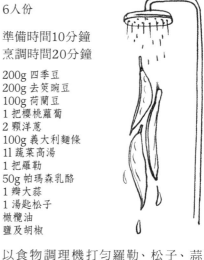

以食物調理機打勻羅勒、松子、蒜瓣製作青醬，淋入 2 湯匙橄欖油，調味。蔬菜分別放入加鹽的沸水中煮至外軟內稍硬，取出後，立刻過冰水＊。洋蔥去皮切薄片，以橄欖油爆香後加入高湯。將事先切成 2cm 小段的義大利麵條放入蔬菜湯中煮。放冷後加入所有蔬菜，調味。搭配青醬，冷熱皆宜。

＊ **為什麼要過冰水？** 蔬菜可維持爽脆度及原來的顏色。

26 mar

白酒內臟腸
6人份

準備時間10分鐘
烹調時間20分鐘

6 條 5A 級內臟腸
25cl 白葡萄酒
6 湯匙莫城芥末籽醬
6 顆紅蔥頭
1 片月桂葉
1 根百里香
1 湯匙紅砂糖

烤爐預熱至 160℃。內臟腸塗上芥末籽醬後放進烤盤。以紅砂糖製作焦糖＊，以白酒收乾。紅蔥頭去皮對切，和月桂葉、百里香一起放入烤盤。淋上白酒焦糖，以 160℃烤 20 分鐘。

＊ **白酒焦糖**：焦糖製作完成後，倒入1杯白酒，停止糖水繼續焦糖化。

28 mar

小牛腳沙拉
6人份

準備時間30分鐘
烹調時間4小時

4塊汆燙處理過的小牛腳 *
2顆洋蔥
1束法國香草束
3枝芹菜
50g 醃黃瓜
1顆口味溫和的白洋蔥
6枝蝦夷蔥
1把櫻桃蘿蔔
1湯匙第戎（Dijon）芥末醬
1湯匙葡萄酒醋
5湯匙橄欖油
鹽及胡椒

＊小牛腳怎麼處理？
通常肉舖販賣的小牛腳都已經汆燙過、對切成兩半。烹煮的時間雖然長，但等待是值得的。

所有洋蔥去皮，白洋蔥切薄片。將完整的洋蔥、法國香草束、芹菜放入大鍋水中，和小牛腳一起燉煮4小時。小牛腳趁熱去骨後切成丁。櫻桃蘿蔔切成圓形薄片。蝦夷蔥和醃黃瓜切碎。混合芥末醬和醋，慢慢加入橄欖油。肉丁和所有材料拌勻，淋上芥末醋。最後以鹽和胡椒調味。

29 mar

烤牛肉佐鯷魚
6人份

準備時間15分鐘
烹調時間20分鐘

1塊 1.2kg 牛肉
6顆紅蔥頭
1kg 洋菇
12片油漬鯷魚
50g 奶油
葵花籽油
鹽及胡椒

＊洋菇怎麼洗？用溼布擦拭。

＊＊烤牛肉為什麼靜置？肉質會稍微鬆開，吃起來更嫩。

洋菇洗淨 *，切掉蕈柄。紅蔥頭去皮切薄片。直接以烤盤加少許油加熱融化奶油，加入紅蔥頭、牛肉，將牛肉表面煎黃後加入洋菇。放入烤爐以 180℃ 烤15分鐘左右，烤出三分熟，加入鯷魚。上桌前，把烤牛肉靜置在烤爐門邊放足5分鐘 **。

30 mar

巧克力薄塔
6人份

準備時間20分鐘
烹調時間10分鐘
靜置1小時

200g 麵粉
50g 烘焙用杏仁粉
120g 奶油
100g 砂糖
1顆蛋
140g 黑巧克力
15cl 液狀鮮奶油
50g 奶油
1顆柳橙
少許鹽
工具：
擀麵棍

烤爐預熱至 180℃。麵粉、糖、杏仁粉、鹽過篩 *。將放在室溫的奶油切成丁，慢慢加進材料裡。加入蛋黃，以掌心壓揉麵糰。將麵糰捏成球，以烘焙紙包住，放入冰箱冷卻1小時 **。將麵糰放在烤紙上擀成厚度 2mm 的圓形薄塔皮，以 180℃ 烤15分鐘左右，這時塔皮應該已經烤成了金黃色。柳橙刨絲榨汁，加入 50g 奶油、液狀鮮奶油和巧克力一起隔水加熱，將巧克力醬淋在塔皮上。上桌前應先置於室溫 30 分鐘。

＊麵粉、糖、杏仁粉等材料先以篩子過篩，細小的顆粒才不會結成塊。

＊＊ 為什麼要冷藏1小時？奶油凝結後，麵糰較易操作。

瑪麗 & 雷昂

尋找蝸牛

這個下雨天早晨，瓦許果家裡一團糟。他們翻箱倒櫃，想找出放在柳籃裡的橡膠雨鞋——上過蠟的，最好還是黃色。雷昂要出門去找蝸牛了，但小心，蝸牛狡猾得很。

他絕對不會手軟，不管是法國本地的灰色大小蝸牛還是非洲大蝸牛，全都要趕盡殺絕。

國蝸牛最好謹慎一點，大蒜和巴西里就在不遠處。「雌雄同體的生物不可能太難搞！」雷昂說完話，準備出征去。雷昂像鐘擺一樣緊繃，雨水喚醒了他內心的戰魂，讓他睪丸素高漲，而且他三天沒刮鬍子，雙手還會顫抖。先來杯白酒滿足最後的心願吧——以免這一去不回，他把扁酒瓶放進口袋裡，若不幸受傷可以用酒精消毒。「萬一我受傷，可以用梨子烈酒療傷！」他拿出折疊刀，這不只讓人安心，切香腸也方便。警示燈亮起，哨聲一響，開跑了！雷昂卯足全力，一頭往前衝，腳步堅定，嘴角還冒著白泡。這趟路又溼又滑，里昂太心急，重重摔了一跤，連酒瓶都打破。他只好回家去。蝸牛在這場戰役大獲全勝。我們不早說過了嗎，蝸牛很狡猾的。

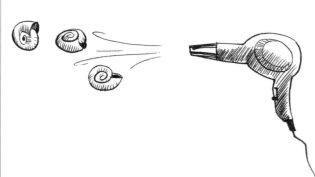

✳ 蝸牛殼哪裡買？ 當然是店裡買！如果你有足夠的耐心，也可以每次用完就清洗，之後還要不時翻面，讓蝸牛殼乾透，然後下一次繼續洗蝸牛殼。另外，你可以準備一點白豆蔻，免得一開口說話就害死吸血鬼！

31 mar — 傳統法式烤蝸牛
6人份

準備時間1小時
烹調時間5分鐘

72 個空殼
72 個漂亮的罐裝蝸牛
250g 奶油
3 瓣大蒜
1 顆紅蔥頭
1 把巴西里
鹽及胡椒

烤爐預熱至 160℃。將奶油置於室溫。大蒜、紅蔥頭去皮切薄片。巴西里葉切碎。將材料加入奶油攪拌均勻，大方以鹽調味。每個殼裡都放進 1 個蝸牛肉 *，抹上大蒜奶油。將蝸牛放在事先揉皺的鋁箔紙上以便固定，放入爐中，以 160℃ 烤 5 到 10 分鐘。奶油應該冒出小氣泡了。趁熱享用。

時令蔬果

皺葉萵苣
番茄
茄子
茴香
芹菜
馬鈴薯
荷蘭豆
四季豆
大頭蔥白
豌豆
白蘆筍、綠蘆筍
蠶豆
紅蘿蔔
嫩菠菜
櫻桃蘿蔔
覆盆子
草莓

魚貝蝦蟹

鮭魚
黑線鱈魚
紅鯔魚
淡菜
明蝦
狗魚
小蝦

肉類及肉製品

羊腿肉
羊肩肉
土雞
小牛後臀肉
小牛胸腺
小牛肋排
生火腿
煙燻培根

乳酪

各式羊乳酪

精緻美食

義式玉米糕
義大利阿柏里歐燉飯米
油封禽胗

---

01 豫葛 — 基弩阿給特凍

02 亞歷桑婷 — 洋蔥塔

03 里察 — 小布丁

08 茱莉 — 雞胗沙拉

09 高堤耶 — 蘆筍豌豆燉飯

10 傅伯特 — 韃靼生小牛肉佐柳橙沙拉

15 派特恩 — 狗魚凍

16 伯諾瓦 — 香料烤雞

17 艾尼西 — 紅果子焦糖布蕾

22 亞歷山大 — 烤小牛肋

23 喬治 — 香料蠶豆泥

24 費黛兒 — 草莓蛋糕

29 凱瑟琳 — 鮮奶油草莓杯

30 羅伯 — 檸檬草口味明蝦湯

04
伊錫鐸
檸檬雞肉塔吉鍋

05
伊蓮
漬鮭魚

06
賽列斯丹
爽口蠶豆

07
尚－巴布堤斯
香料烤羊肩

11
史坦尼斯拉
7小時烤羊腿

12
朱爾
法式豌豆

13
伊達
嫩菠菜黑線鱈魚沙拉

14
麥克辛
紅鯔與烤洋蔥

18
帕菲
蘆筍濃湯

19
愛瑪
新鮮香料蛋捲

20
奧黛特
小牛胸腺

21
安索姆
雞湯淡菜

25
馬爾
香煎綠蘆筍

26
雅爾達
榛果奶油義式玉米糕

27
席塔
番茄羊乳酪鹹派

28
瓦蕾麗
培根白蘆筍

瑪麗 & 雷昂

基弩，基弩，基弩

基弩凍是刁嘴群島的傳統名菜。

偉大的探險家雷昂・瓦許果船長某次划小船去探險時，發現了這道讓他難以忘懷的精緻料理。基弩這種野生動物很醜，生長在刁嘴群島周邊的阿給特群之間。獵捕基弩的方式和在薩瓦山區找「達烏」這種鬼獸一樣，你嘴裡要不停地喊：「基弩，基弩，基弩。」聽到叫聲，基弩會從阿給特間探頭出來，接著你得「砰」一拳打下去──就像拳王泰森的手法一樣，解決掉基弩。六個人吃一隻基弩剛剛好。而說到基弩，你就會想到阿給特；基弩與阿給特就像Dolce & Cabana，或是Laurel & Hardy一樣形影不離。阿給特不能用釣的，你得動手拔（拔阿給特的時候最好不要有小孩在場，因為阿給特不喜歡有人拔，它會尖叫，刺耳的「嗚咿嗚咿」叫聲會驚嚇到敏感的耳朵）。基弩與阿給特，再加上幾種基本食材，例如重口味的北非羊肉香腸、聖奈克岱乳酪和香蕉，是最巧妙的混搭。

原本名不見經傳的刁嘴群島基弩阿給特凍，因而在歷史上留下美名。

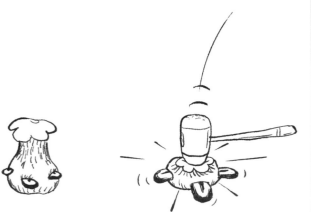

01 apr 基弩阿給特凍
6人份

準備時間20分鐘
烹調時間（視基弩而定）

1.2kg 基弩（或 2kg 乾癟鱈魚）
6 隻結實的阿給特（軟的阿給特實在太軟）
12l 鮮奶油
1 條香蕉
1 塊聖內克泰爾乳酪
3 條北非羊肉香腸
鹽及胡椒

＊噗嚕：痛毆阿給特的頭，直到它喊停為止。

＊＊呼嚕：表示你也不知道該再說什麼，或是不知道從前究竟有沒有人知道該怎麼辦。

◎編註：基弩？阿給特？由於這天是愚人節，所以作者開了個玩笑。

前一晚先將基弩浸泡在 12l 的鮮奶油中（基弩越油越好吃）。先噗嚕＊，再以古早法呼嚕＊＊阿給特，放到一邊備用。這時基弩已經吃下 12l 鮮奶油，可以處理了。將呼嚕過的阿給特、香蕉、聖內克泰爾乳酪打勻，調味。在基弩身上穿洞，輕輕塞入阿給特餡，放入肉凍模中，用力壓應該塞得進去，沒問題。以新鮮羊肉腸裝飾，蓋上肉凍模的蓋子。以大火烹煮至基弩爆漿。趁熱享用。

02 apr

洋蔥塔
6人份

準備時間20分鐘
烹調時間20分鐘

250g 千層塔皮
2 湯匙普羅旺斯香料
6 顆大洋蔥
50g 松子
1 湯匙蜂蜜
2 湯匙橄欖油
鹽之花
工具：
慕斯圈或直徑 10cm 的烤盅

將塔皮鋪在普羅旺斯香料上 *。以圈模壓出 6 塊塔皮，用叉子戳孔 **。洋蔥切薄片，以橄欖油爆香上色，加入蜂蜜、松子，炒至金黃色。將塔皮以 180℃烤 10 分鐘後取出，放上洋蔥餡料，繼續烤 5 到 10 分鐘至塔皮酥脆。調味。

＊ 為什麼不是反過來，把香料撒在塔皮上？因為把塔皮鋪在上面，香料才能真正進入塔皮中，帶出香味。

＊＊為什麼要戳孔？塔皮才不會過於蓬鬆。

03 apr

小布丁
6人份

準備時間15分鐘
烹調時間45分鐘

基底：
1l 牛奶
7 顆蛋
180g 糖
工具：
6 個容量 30cl 左右的小烤盅

巧克力：將 200g 黑巧克力（70% 可可含量）放入牛奶中融化，加入 1 茶匙肉桂粉。蛋汁加糖打發，加入巧克力牛奶。將材料倒入烤盅裡，放入烤箱，隔水以 120℃烤 45 分鐘。

咖啡：牛奶中加入 3 份濃縮咖啡，加入 10cl 琥珀色蘭姆酒 *。蛋汁加糖打發，加入蘭姆咖啡牛奶。最後步驟同巧克力作法。

香草：牛奶和剖開的香草筴一起煮沸，加入茶匙綠豆蔻粉。蛋汁加糖打發，加入香草豆蔻牛奶。最後步驟同巧克力作法。

＊ 琥珀蘭姆酒是什麼？放在木桶裡的陳年蘭姆酒，因此才會有特殊的顏色。

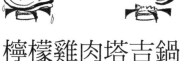

04 apr

檸檬雞肉塔吉鍋
6人份

準備時間15分鐘
烹調時間45分鐘

800g 雞胸肉
3 顆番茄
1 條茄子
1 顆茴香球莖
4 顆紅蔥頭
4 瓣大蒜
2 顆檸檬
1 茶匙薑粉
1 茶匙芫荽籽粉
1 茶匙肉桂粉
1 湯匙糖
25cl 雞湯塊
橄欖油
鹽及胡椒
工具：
塔吉鍋

雞胸肉切丁。番茄、茄子切丁，茴香球莖切薄片。紅蔥頭和大蒜去皮，大致切碎。檸檬直剖成 8 片，去籽。以塔吉鍋 * 起油鍋直接拌炒雞丁和香料、大蒜、紅蔥頭。加糖焦化食材。接著加入蔬菜和以少許水預先融化的雞湯塊，調味，蓋上鍋蓋。以小火燉煮 45 分鐘。趁熱上桌。

＊塔吉鍋可以直接放在任何熱源上嗎？通常可以，但最好事先確認。有些陶製品無法承受太高的溫度。

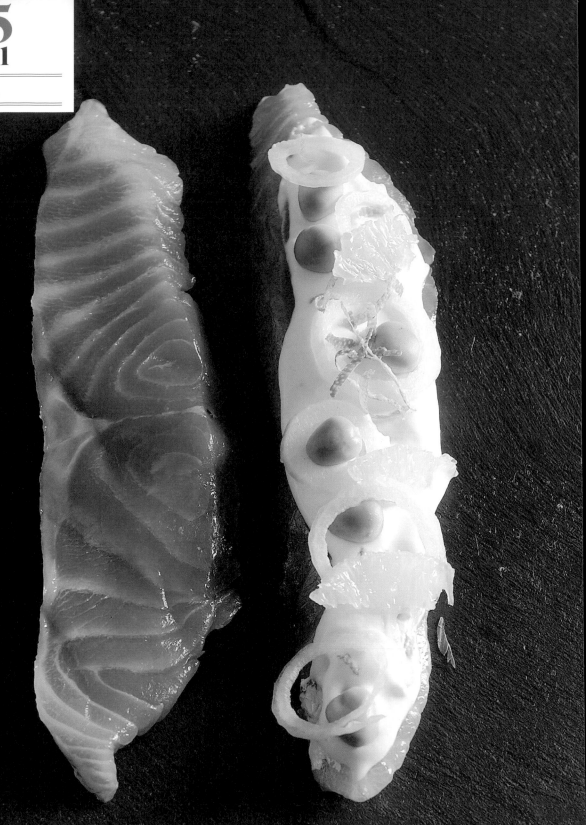

05 apr

漬鮭魚
6人份

準備時間10分鐘
放置48小時

800g 鮭魚（取魚片較厚的部分）
1 湯匙粗鹽
1 湯匙糖
1 茶匙研磨胡椒
1 把蒔蘿
50g 濃縮液狀鮮奶油
1 湯匙橄欖油
100g 去筴新鮮豌豆
1 顆綠檸檬
1 顆大頭蔥白
鹽及胡椒

將鮭魚放在盤子上，撒上粗鹽、胡椒、糖和切碎的蒔蘿。放入冰箱冷藏 48 小時，逼出魚肉中的水份 *。以紙巾擦拭鮭魚，去皮，切成 5cm 的厚片。綠檸檬刨皮絲榨汁。將檸檬汁與鮮奶油拌勻，加入橄欖油，調味。將鮭魚裝盤，2 片為 1 人份，覆蓋上鮮奶油，撒上生豌豆、大頭蔥白圈和檸檬皮絲。

＊為什麼要逼出水份？魚肉中的水份變少，味道可以更濃郁。

06 apr

爽口蠶豆
6人份

準備時間30分鐘
烹調時間15秒

1.5kg 新鮮蠶豆
100g 薄鹽奶油
烤麵包

將去筴後的蠶豆放入加鹽了的沸水中浸泡 15 秒 *，取出後立刻過冰水。仔細去掉蠶豆的薄皮，在這個很長很長的過程當中，身邊最好有人。在烤過的麵包塗上一點薄鹽奶油，放上蠶豆，撒點研磨胡椒再加上一點茴香酒……夏天的腳步近了！

＊為什麼要泡水？較容易去掉蠶豆的薄皮。

07 apr

香料烤羊肩
6人份

準備時間20分鐘
烹調時間30分鐘

2 塊羊肩肉
50g 薄鹽奶油
1 顆紅蔥頭
1 瓣大蒜
10 片羅勒葉
3 枝新鮮百里香
6 枝迷迭香
1 個蒜球
橄欖油
鹽及胡椒

烤爐預熱至 180℃。紅蔥頭、大蒜去皮。將奶油與紅蔥頭、大蒜、羅勒葉和新鮮百里香一起以食物調理機打勻。將打勻的奶油以鋁箔紙捲成直徑 1cm 的長圓形，放入冰箱 *。迷迭香切成 3cm 小段，以刀子在羊肩肉切口，插入迷迭香。沿著插在每個洞裡的迷迭香梗塞進一點冰涼的香料奶油，把剖半的蒜球放在兩側，淋上所有橄欖油。以 180℃ 烤30 分鐘。

＊冰多久？為什麼要冰？冷藏30分鐘，奶油會變得很硬，比較容易塞進羊肉裡。

07
april

香料烤羊肩

08 apr

雞胗沙拉
6人份

準備時間15分鐘
烹調時間5分鐘

1 顆皺葉萵苣
200g 油封雞胗
3 顆紅蔥頭
50g 杏仁
10 個櫻桃蘿蔔
2＋1 湯匙覆盆子醋
1 湯匙莫城芥末籽醬
2 湯匙核桃油
2 湯匙葵花籽油

雞胗切片，紅蔥頭去皮切薄片。以鴨油＊拌炒雞胗和切碎紅蔥頭，加入剖半的杏仁，以 2 湯匙覆盆子醋將鍋底碎末收汁。櫻桃蘿蔔切成小長條。芥末籽醬、葵花籽油、核桃油和剩餘的醋攪拌均勻，用來為沙拉調味。將熱雞胗倒在淋上熱湯汁的沙拉上，撒上櫻桃蘿蔔。

＊ 鴨油哪裡來？用油封雞胗的鴨油，大概是1湯匙左右。

09 apr

蘆筍豌豆燉飯
6人份

準備時間10分鐘
烹調時間22分鐘

350g 義大利阿柏里歐燉飯米 (arborio)
70cℓ 蔬菜高湯
150g 新鮮去莢豌豆
6 枝綠蘆筍
3 顆紅蔥頭
50g 帕瑪森乳酪
3 湯匙橄欖油
鹽及胡椒

削去蘆筍尾端的皮，切成小長條狀。帕瑪森乳酪約略磨碎。紅蔥頭去皮切薄片，放入平底深鍋以橄欖油拌炒，加入米拌炒＊。淋入蔬菜高湯。以小火燉煮 15 分鐘，水乾時不時補充高湯。放入蘆筍片和豌豆，繼續燉煮 5 分鐘。撒入帕瑪森乳酪煮 2 分鐘，調味。

＊ 以油拌炒生米，直到米粒呈半透明。

10 apr

韃靼小牛肉佐柳橙沙拉
6人份

準備時間30分鐘

900g 小牛後臀肉
50g 大顆刺山柑漿果
50g 醃黃瓜
10 枝蝦夷蔥
1 湯匙第戎芥末醬
3 湯匙橄欖油
1 湯匙番茄醬
1 茶匙干邑酒
6 顆大頭蔥白
6 顆柳橙
鹽及胡椒

1 顆柳橙刨下皮絲，其他 5 顆直接剝開，取下果肉。大頭蔥白切細，將一半加入柳橙果肉混合。醃黃瓜切細。拌勻芥末醬、番茄醬、干邑酒、橄欖油、檸檬皮絲。小牛肉切丁，拌入醬汁、醃黃瓜、刺山柑漿果和切碎的蝦夷蔥和剩下的大頭蔥白，調味。搭配柳橙沙拉冷食。

瑪麗 & 雷昂

復活節的羊肉 & 牛肉

廚藝乏善可陳的瑪麗·瓦許果嫁給老饕雷昂之初，一直偷偷嫉妒著同一層樓的鄰居帕斯卡與珍奈特·樂葛洛。

故事要回溯到2002年4月，瑪麗和另一戶鄰居密蘇家受邀，圍坐在樂葛洛家的桌邊，氣氛愉快，所有的人都痴迷地看著帕斯卡為大家切羊腿肉。瑪麗心想：「好吃歸好吃，但也不值得這麼大驚小怪吧！」故事本來可以到此為止。但到了第二年，約莫在同一時間，瑪麗最喜歡的肉舖貼出一張海報：「帕斯卡羊肉。」（◎譯註：agneau Pascal指的是猶太人在逾越節吃的羔羊，正好樂葛洛家的男主人也叫Pascal）。

整個城鎮就像團結起來和她作對一樣。肉舖只要賣出一塊肉，你這裡也看到「帕斯卡羊肉」，那裡也看到「帕斯卡羊肉」，到處都是帕斯卡、帕斯卡，帕斯卡羊肉究竟有什麼了不起？「帕斯卡羊肉」這段旋律就像迴力鏢一樣，每年都會回到瑪麗的面前。她實在受不了，不得不想辦法來面對這種烹調技術的挑釁。她每次走進商店都得強壓下怒火（簡單得很！），帕斯卡在美食界的盛名實在讓她吃味。

2008年4月，瑪麗與雷昂再次受邀到樂葛洛家做客。瑪麗雙手顫抖掌心冒汗，害怕帕斯卡的羊肉會再次讓她眼紅，沒想到這天聚會吃到了簡單卻美味的三分熟烤牛肉，讓她大飽口福。瑪麗鬆了一口氣，「帕斯卡羊肉」的噪音終於平息了。她挽著雷昂的手，走出樂葛洛家門，平靜地和丈夫回家。「帕斯卡羊肉」宛如遠去的回憶，瑪麗朝她最喜歡的肉舖看過去⋯⋯什麼？櫥窗上貼著大大的海報：「帕斯卡牛羊肉」，太過分了！她也想享受這輩子15分鐘的榮耀，她也想看到自己的名字出現在肉舖的海報上，她也想扭轉自己在廚房裡默默無名的情勢，在美食界永垂不朽⋯⋯希望她總有一天會懂！

11
apr

7小時烤羊腿
6人份

準備時間15分鐘
烹調時間7小時

1 塊 1.2kg 去骨羊腿
6 瓣大蒜
6 顆紅蔥頭
50cℓ 白葡萄酒
1 枝迷迭香
1 湯匙普羅旺斯香料
橄欖油
鹽及胡椒

將羊腿放入加了橄欖油的燉鍋中，以大火將表面煎金黃。大蒜、紅蔥頭去皮，和迷迭香、普羅旺斯香料、白酒一起加入燉鍋中，調味。蓋上蓋子，以 100℃烤 7 小時 *。期間不時舀起烤出來的羊肉汁淋在肉上，若有需要可以加入少量水。羊肉應該烤到入口即化的程度，但放冷後比較容易切。

✱ 不會烤焦嗎？如果不時察看，應該不至於烤焦。

162

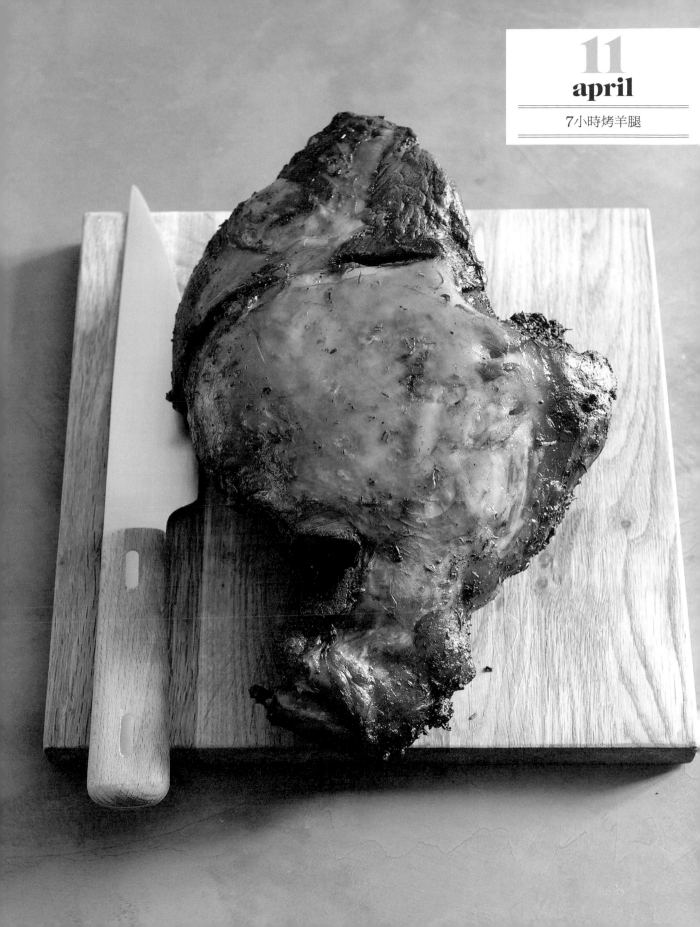

12 apr

法式豌豆
6人份

準備時間30分鐘
烹調時間10分鐘

2kg 新鮮豌豆（去筴後約剩600g）
3 顆洋蔥
3 片生火腿
3 片萵苣葉
50g 奶油
1 茶匙糖
20cl 蔬菜高湯
鹽及胡椒

* 萵苣有什麼作用？
什麼也沒有，引個話題而已（順便帶進一些香味）。

豌豆去筴。洋蔥、生火腿片和萵苣葉 * 切絲。以奶油拌炒洋蔥和生火腿，加入豌豆、萵苣和糖，淋入蔬菜高湯。烹煮 10 分鐘左右後調味。

13 apr

嫩菠菜黑線鱈魚沙拉
6人份

準備時間15分鐘
浸泡1小時

300g 煙燻黑線鱈魚
500g 嫩菠菜
1 茶匙薑粉
2 顆檸檬榨汁
2 顆紅蔥頭
6 湯匙橄欖油
1 湯匙米醋
1 湯匙糖
6 枝蝦夷蔥

煙燻黑線鱈魚切小片。紅蔥頭去皮切成細圈。調合醋、油、檸檬汁、薑粉、紅蔥頭圈和糖，以調好的醬汁浸泡黑線鱈魚片。將嫩菠菜鋪在盤子上，放上鱈魚片，以淋醬調味，撒上大致切碎的蝦夷蔥。

14 apr

紅鯔與烤洋蔥
6人份

準備時間15分鐘
碳烤時間15分鐘

6 條紅鯔魚
10 片月桂葉
6 顆口味溫和的白洋蔥
50g 薄鹽奶油
1 把新鮮百里香
鹽之花
橄欖油

點燃烤肉碳。在洋蔥頂端劃十字切口，放進少許薄鹽奶油和 1 枝百里香。以鋁箔紙捲起洋蔥，放入碳火中烤 15 分鐘。清理好紅鯔魚 *，抹奶油，放在烤肉架上，每面烤 3 分鐘，將月桂葉墊在魚身下。佐鹽之花及橄欖油享用。

* 魚為什麼要清理？
我不喜歡吃魚內臟，但有些講究的人喜歡。

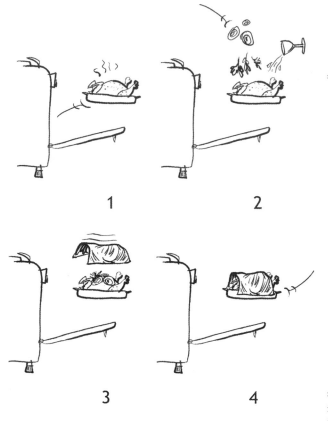

1　　　　**2**

3　　　　**4**

15 apr
狗魚凍
6人份

準備時間45分鐘
烹調時間1小時

1 尾狗魚
5 顆蛋
20cℓ 液狀鮮奶油
2 顆紅蔥頭
50g 生薑
2 湯匙茴香酒
150g 小蝦仁
1 把蝦夷蔥
1 顆綠檸檬
1/2 顆綠甘藍

甘藍葉在加了鹽的沸水中煮 5 分鐘後，立刻過冰水。處理狗魚*。生薑、紅蔥頭、蝦夷蔥去皮剁碎。將魚肉與蛋、鮮奶油和茴香酒打至均勻。拌入薑、小蝦仁、紅蔥頭、蝦夷蔥，加入檸檬皮絲和檸檬汁，調味。將甘藍葉墊在肉凍模中，灌入魚肉餡。隔水以 160℃ 加熱 1 小時。

＊＊如何清理狗魚？去皮之後，以鑷子夾去魚刺。

16 apr
香料烤雞
6人份

準備時間20分鐘
烹調時間1小時

1 隻雞（體型小的要 2 隻）
6 顆紅蔥頭
6 瓣大蒜
1 把羅勒
4 把帶葉芹菜根
1 把百里香
4 把迷迭香
1 杯白葡萄酒
10cℓ 橄欖油
鹽之花，胡椒

烤爐預熱 200℃。雞肉剖半，雞皮朝上放在烤盤上，刷上橄欖油、粗鹽。以 200℃ 烤 30 分鐘後取出，將所有香料、紅蔥頭和大蒜（不切）放入烤盤，淋白酒，蓋上鋁箔紙*，再以 140℃ 烤 30 分鐘。上桌前，舀起烤盤裡的香料醬汁淋在雞肉上。

＊包鋁箔紙有什麼作用？避免香料烤過乾。

17 apr
紅果子焦糖布蕾
6人份

準備時間10分鐘
烹調時間45分鐘

1ℓ 液狀鮮奶油（油脂 30% 以上）
8 個蛋黃
150g 砂糖
100g 覆盆子
100g 草莓
80g 紅砂糖
工具：
6 個小烤盅
噴槍（可有可無）

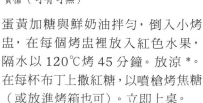

蛋黃加糖與鮮奶油拌勻，倒入小烤盅，在每個烤盅裡放入紅色水果，隔水以 120℃ 烤 45 分鐘。放涼*。在每杯布丁上撒紅糖，以噴槍烤焦糖（或放進烤箱也可）。立即上桌。

＊為什麼撒紅砂糖之前要先放涼？我們要製作酥脆的烤焦糖，如果布丁還是熱的，烤焦糖的硬度維持不了多久，別讓艾蜜莉（◎譯註：電影《艾蜜莉的異想世界》主人翁）看了不開心。

18 apr

蘆筍濃湯
6人份

準備時間15分鐘
烹調時間30分鐘

2 把綠蘆筍
3 顆削皮馬鈴薯
2 顆洋蔥
1 顆大頭蔥白
30cl 液狀鮮奶油
80g 薄鹽奶油
橄欖油
巴薩米克醋
鹽及胡椒
工具：
錐形過濾器

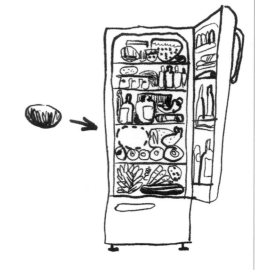

削去蘆筍尾端的皮。留下 6 段 5 公分的蘆筍尖切細備用，其餘放入加鹽沸水煮 10 分鐘後過冰水。洋蔥切薄，馬鈴薯切丁，以沸水煮 15 分鐘。放入蘆筍再煮 5 分鐘。留下足以覆蓋鍋中蔬菜的水，其餘倒掉，打泥後以過濾器 * 過濾。加入奶油和鮮奶油煮 5 分鐘，調味。

* 為什麼打成泥了還要過濾？蘆筍有打不散的纖維，可以用過濾器濾除。

將大頭蔥白絲和蘆筍尖絲以橄欖油調味後撒在湯上，再淋少許巴薩米克醋即可上桌。

19 apr

新鮮香料蛋捲
6人份

準備時間5分鐘
烹調時間5分鐘

12 顆特級新鮮蛋
1/2 把羅勒
1/2 把龍蒿
1/2 把蝦夷蔥
4 顆大頭蔥白
15cl 液狀鮮奶油
50g 奶油
葵花籽油
鹽及胡椒

* 這個動作有什麼意義？讓蛋汁均勻受熱。

將蛋和鮮奶油打勻，調味。摘下香料葉片。大頭蔥白切細，蝦夷蔥切段，和香料葉一起加入蛋汁中。煎鍋裡放入奶油和 1 湯匙油，倒入蛋汁，將叉子放在鍋子中央以劃圈方式攪拌 *，依個人喜好決定軟硬度。

20 apr

小牛胸腺
6人份

準備時間2小時
烹調時間20分鐘

800g 小牛胸腺
150g 新鮮去莢豌豆
200g 新鮮四季豆
150g 荷蘭豆
1 條紅蘿蔔
1 顆紅蔥頭
20cl 小牛肉高湯
80g 薄鹽奶油
葡萄酒醋
50cl 牛奶
鹽及胡椒

將小牛胸腺放入平底深鍋中，以加了 10cl 葡萄酒醋的冷水中煮沸。沸騰後立刻取出沖水。再次將小牛胸腺放入乾淨的鍋中，加入 50cl 牛奶，加水蓋滿材料，小火滾煮 20 分鐘 *。拿出小牛胸腺沖洗，取掉外膜，以鋁箔紙捲成長條狀，放入冰箱冷藏 1.5 小時 **。紅蘿蔔去皮切成小丁。蔬菜放入加了鹽的沸水中分別烹煮，要保留脆度。小牛胸腺切片，調味。以不沾鍋加薄鹽奶油拌炒紅蔥頭，出水即可，放入小牛胸腺，煎出金黃色之後再加入所有蔬菜，以小牛肉高湯收鍋底湯汁。

* 為什麼要先用醋水再用牛奶水來煮小牛胸腺？醋可以脫去小牛胸腺的水份，放入牛奶水中煮，可以讓小牛胸腺看起來有綿密的乳脂感。

* 為什麼要放冰箱冷藏？可以定型。

瑪麗 & 雷昂

公雞，母雞，
小雞……

廚藝乏善可陳的瑪麗‧瓦許果嫁給老饕雷昂之初，對於自己無法滿足另一半的味蕾，感到耿耿於懷。

儘管她每天都努力地想提升自己的手藝，但廚藝對她而言，仍然像個黑洞。雷昂是個有耐心的人（但也僅止於此），總是忙不迭地接下鍋鏟，將晚餐的噩夢扭轉成味蕾的盛宴。用一隻上好的母雞、少許蔬菜（食材通常可以互相搭配）和高湯，連亨利四世都能吃得心滿意足。燉母雞準備好了，隨時可以上菜。瑪麗對丈夫在廚房的優異表現小有不悅，總忍不住要在湯汁裡加點奶油，目的只是為了讓自己也留下一點痕跡。看到家常燉母雞成了精緻雞湯，雷昂在高興之下，伸手搭著妻子豐腴的曲線，說：「妳真懂得調理雞湯，我的心肝寶貝！」（◎譯註，小母雞法文為poulette，俚語意可解釋為「愛人」。）

就這樣，原本在廚房裡毫無用武之地的瑪麗寫下了自己的歷史。

21 apr

雞湯淡菜*
6人份

準備時間10分鐘
烹調時間10分鐘

3l 淡菜
4 顆紅蔥頭
4 瓣大蒜
1 杯白葡萄酒
50g 奶油
50cl 液狀鮮奶油
1 茶匙玉米粉
1 把扁葉巴西里

蒜瓣和紅蔥頭去皮切碎。洗淨淡菜。扁葉巴西里切碎。在平底大深鍋中，以奶油爆香大蒜和紅蔥頭。加入白酒，收汁。加入淡菜和液狀鮮奶油煮 5 分鐘，期間不時攪拌。將玉米粉預融於少許水中，倒入鍋裡，繼續拌煮 5 分鐘。最後撒上切碎的巴西里。

* 菜名的「雞湯」是怎麼來的？最初這道菜的湯汁用的是燉雞的高湯。我們用的是白醬底。

22 apr

烤小牛肋
6人份

準備時間10分鐘
烹調時間45分鐘

1 塊小牛肋（4 根肋骨）
6 顆紅蔥頭
6 瓣大蒜
1 杯白葡萄酒
1 把鼠尾草
1 茶匙綜合胡椒顆粒
50g 奶油 2 份
鹽

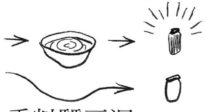

烤爐預熱 200℃。在燉鍋用奶油將小牛肋表面煎黃。壓碎胡椒加入燉鍋中，放進烤爐烤 30 分鐘。取出，加入蒜瓣、紅蔥頭、鼠尾草和白葡萄酒，再以 140℃ 烤 15 分鐘，關閉烤箱電源，讓小牛肋放置在烤爐中 15 分鐘 *。取出小牛肋放在砧板上。燉鍋加熱，以 50g 奶油和 1/2 杯水將沾在鍋底的肉屑調勻成湯汁。切開小牛肋，淋上湯汁即上桌。

✱ 為什麼不立刻上桌？ 讓烤肉先鬆弛下來。

23 apr

香料蠶豆泥
6人份

準備時間45分鐘
烹調時間1分鐘

1kg 蠶豆
1 顆紅蔥頭
6 枝蝦夷蔥
15cl 橄欖油
幾滴 Tabasco 辣椒醬
鹽之花

蠶豆放入加鹽沸水中浸泡 1 分鐘，取出過冰水 *。仔細剝下薄皮後，加入橄欖油、Tabasco 辣椒醬、預先切碎的洋蔥和蝦夷蔥壓成泥。以鹽之花調味。當烤麵包的抹醬使用。

✱ 為什麼要過冰水？ 可以保留蠶豆本身的綠色。

24 apr

草莓蛋糕
6人份

準備時間30分鐘
烹調時間20分鐘
放置6小時

馬卡龍基底：
125g 烘焙用杏仁粉
220g 糖粉
4 個蛋白
50g 砂糖
香草奶醬：
200g 卡士達奶醬（參考草莓塔作法 p.200）
3 片吉利丁
20cl 液狀鮮奶油（乳脂 30% 以上）
草莓餡：
500g 草莓
300g 杏仁膏
工具：
1 個慕斯圈（或活底蛋糕模）

烤箱預熱 160℃。糖粉、杏仁粉拌勻過篩 *。蛋白加糖打發至尖端挺立。輕輕拌勻蛋白霜和杏仁糖粉，混合物應該要有光澤。鋪烤紙，放上厚慕斯圈，沿著慕斯圈，擠出馬卡龍基底 **，放乾 ***。以 160℃ 烤 10 分鐘。放涼後脫膜備用。將吉利丁片泡水軟化。卡士達奶油慢慢加熱，加入軟化的吉利丁片。放置冷卻。打發鮮奶油，拌入卡士達奶醬。草莓切下蒂直剖兩半。把慕斯圈套回馬卡龍基底上，對切的草莓沿著慕斯圈內壁排列。將剩下的草莓拌入奶醬中，填滿慕斯圈。冷藏 2 小時。擀平杏仁膏，以慕斯圈切出蛋糕大小，蓋在蛋糕上。以噴槍將杏仁膏表面燒出金黃色。

✱ 所有的粉都要篩過？ 杏仁粉、麵粉篩過，以避免結塊。

✱✱ 怎麼做馬卡龍圈？ 利用擠花袋。

✱✱✱ 放乾？ 風乾30分鐘。

25 apr 香煎綠蘆筍
6人份

準備時間20分鐘
烹調時間10分鐘

2 把綠蘆筍
3 顆紅蔥頭
3 枝檸檬百里香
3 湯匙橄欖油
鹽及胡椒

削去蘆筍尾端的皮後切成 2 段。紅蔥頭去皮切薄片。以橄欖油起油鍋爆香紅蔥頭，加入蘆筍和檸檬百里香 *，約 10 分鐘煎至金黃。調味。

✼ 檸檬百里香？很容易找到，花園、陽臺都種得出來。

26 apr 榛果奶油義式玉米糕
6人份

準備時間20分鐘
烹調時間30分鐘

200g 義式玉米糕
6 顆紅蔥頭
3 瓣大蒜
80g 白葡萄乾
1l 牛奶
100g 奶油
鹽及胡椒

大蒜及紅蔥頭切碎，和葡萄乾一起放進牛奶煮 5 分鐘。將玉米糕倒進鍋裡（烹調時間視品質而定 *），煮至牛奶收乾，調味。將奶油煮至榛果色 **，淋一湯匙在玉米糕上。

✼ 為什麼？顆粒粗細有差別。

✼✼ 榛果色奶油：以大火煮5分鐘，期間記得攪拌。

27 apr 番茄羊乳酪鹹派 *
6人份

準備時間20分鐘
烹調時間30分鐘

塔皮：
200g 麵粉
50g 烘焙用杏仁粉
120g 奶油
1 茶匙孜然
1 顆蛋
少許鹽
番茄羊乳酪餡料：
200g 小番茄
1 塊瓦朗賽羊乳酪
6 根蝦夷蔥
30cl 液狀鮮奶油
3 顆蛋
鹽及胡椒

烤爐預熱至 180℃。羊乳酪切小丁，蝦夷蔥切碎。蛋、鮮奶油、蝦夷蔥攪拌均勻，調味。麵粉、杏仁粉、奶油、孜然和鹽拌勻後，加入蛋。將塔皮鋪在烤盤的烤紙上，放入小番茄、羊乳酪丁，倒入鮮奶油。烤 30 分鐘。

✼ 這道鹹派怎麼可能搞砸？比方把麵粉換成豬油，拿豬耳朵取代番茄，也就是說，把材料換掉。

（◎譯註：走紅法國的義大利女歌手黛莉達的名曲Bambino。）

28 apr
培根白蘆筍
6人份

準備時間20分鐘
烹調時間10分鐘

18 根白蘆筍
18 片煙燻培根
18 片鹽漬鯷魚
1 把扁葉巴西里
橄欖油

烤爐預熱至180℃。白蘆筍切去尾端約 1 公分，去皮，放入加鹽的沸水中煮 5 分鐘，白蘆筍的質地應該仍然紮實。瀝乾，切成 2 段＊，每段以半片煙燻培根捲起來放入烤盤，鋪上鯷魚，烤 5 分鐘。最後撒上切碎的扁葉巴西里，淋點橄欖油。

＊**為什麼？**因為太長放不進烤盤裡。

29 apr
鮮奶油草莓杯
6人份

準備時間20分鐘

1kg 草莓（gariguette 品種）
1 顆檸檬榨汁
3 顆麵包店買來的大顆蛋白餅
30cl 液狀鮮奶油（乳脂 30% 以上）
2 小包香草糖

＊**打發鮮奶油的小建議**：液狀鮮奶油和用來打奶油的碗都要是冷的。

＊＊**為什麼？**否則草莓醬的顏色會染在白色的奶油上，看起來就沒那麼漂亮了。

草莓切掉蒂頭，直剖兩半。將 300g 草莓加檸檬汁打成果泥。液狀鮮奶油加香草糖＊＊打發成鮮奶油。蛋白餅壓碎。在杯子裡以草莓、碎蛋白餅、奶油的順序堆 2 層。立即享用＊＊。

30 apr
檸檬草口味明蝦湯
6人份

準備時間10分鐘
烹調時間45分鐘

18 尾明蝦
3 枝檸檬草
3 瓣大蒜
2 顆洋蔥
3 把芹菜
200g 去莢新鮮豌豆
1 把芫荽
1 束法國香草束
2 湯匙醬油
2 湯匙橄欖油

明蝦去殼，留下蝦頭。蒜瓣以擀麵棍壓碎，放入鍋中以橄欖油拌炒明蝦頭，加入 1l 水，放入香草束和芫荽，小火滾煮 30 分鐘。以錐形過濾器過濾湯汁。芹菜、檸檬草、洋蔥切細，加入湯裡，繼續煮 10 分鐘。加入明蝦和豌豆，再煮 5 分鐘。加入醬油。

＊**蒜瓣為什麼要壓碎？**壓碎的蒜瓣可以釋放出香味，大小不一的蒜碎可以帶來驚喜。

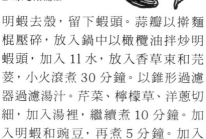

This month

時令蔬果
紅椒、青椒
紫色朝鮮薊
番茄
大頭蔥白
豌豆、蠶豆、荷蘭豆
小蕪菁
綠蘆筍
嫩菠菜、芝麻菜
茴香
小黃瓜
新鮮香料
覆盆子
草莓
哈密瓜
大黃

魚貝蝦蟹
淡菜
明蝦、小龍蝦
魷魚、小烏賊
蛤蜊、竹蟶
牙鱈
黃鱈
魴魚
鮭魚

肉類及肉製品
牛肋排
羊肋、羊後腰肉
兔肉
小牛腳
小牛五花肉
鴨胸肉
烤小牛肉
西班牙辣香腸

乳酪
佩柯里諾
帕瑪森
馬斯卡朋
聖馬瑟林

精緻美食
卡馬格圓米、紫米
白小扁豆（乾）

May

01 佛洛林	**02** 佐伊	**03** 賈克
西班牙海鮮燉飯	比薩時刻	西班牙蔬菜冷湯
08 迪席瑞	**09** 帕孔姆	**10** 索蘭芝
烤牛五花	大頭蔥白蘆筍沙拉	辣炒小烏賊
15 德妮絲	**16** 奧諾赫	**17** 帕斯卡
馬卡龍佐紅果子醬	紫色朝鮮薊與佩柯里諾綿羊乳酪	青醬羊肉佐蕪菁
22 艾蜜莉	**23** 迪笛耶	**24** 朵納賢
親家母烤小牛肉	焗烤馬鈴薯	紅果子沙拉
29 烏蘇兒	**30** 費迪南	**31** 派特妮
拌炒朝鮮薊	紫米海鮮燉飯	烤牛肋

04	05	06	07
歐迪隆	席爾凡	普丹絲	吉賽兒
兔肉凍	生鮭魚韃靼	大黃甜塔	草莓塔

11	12	13	14
愛絲黛兒	亞契爾	羅朗	瑪帝亞斯
小龍蝦凍	小牛肉薄片佐刺山柑漿果	黃鱈佐嫩菠菜	泡芙金字塔

18	19	20	21
艾瑞克	伊夫	伯納丹	康斯坦丁
風乾火腿片佐甜瓜	古早味黑森林蛋糕	小黃瓜、薄荷、茴香沙拉	辣味鴨肉串

25	26	27	28
蘇菲	貝鴻杰	奧古斯丹	哲曼
培根乳酪串	鹽烤魴魚	米飯沙拉	白豆羊肉

01 02 03 04

瑪麗 & 雷昂

海鮮燉飯宣言

5 月1日是勞動節，太好了，慶祝勞動節的方式就是：「不要勞動」。這天如果落在星期三，那整個星期都像週末了。

他們決定賴床晚起，窗簾放著不拉起來，鬧鐘也停止工作。瑪麗和雷昂・瓦許果舒服得不得了。

11點半，這對繾綣的愛侶像打瞌睡的海牛一樣伸伸懶腰，午餐訂在12點半，動作要快一點了。5月1日這天不必上班，他們要在家裡請客。

看來，這天的聚會應該會充滿陽光，為了呼應節日，午餐只上一道菜（畢竟還是不要太誇張的好，公會也是有底限的，拜託一下！）。玫瑰紅酒在前一天晚上就送進冰箱冷藏，瓦許果夫婦知道什麼事必須優先處理。他們懂得待客之道，冰塊準備好了，朋友快到了。

5月1日，你應該展現出……好心情和優雅的生活禮儀。「再來杯茴香酒好嗎，喬治？」5月1日，你應該有所堅持……「我用水瓶裝冰塊，不是放在杯子裡。」5月1日是相聚的日子，大夥兒全聚在西班牙海鮮燉飯前面。感謝你，勞動節！

01
may

西班牙海鮮燉飯
6人份

準備時間20分鐘
烹調時間45分鐘

1 隻雞
150g 西班牙辣香腸
6 尾大明蝦
6 尾小龍蝦
300g 魷魚
淡菜、蛤蜊、竹蟶……任何你喜歡的海鮮！
2 個紅椒
200g 去筴新鮮豌豆（冷凍也可）
300g 圓米
3 顆洋蔥
1 個蒜球
2 杯白葡萄酒
15cℓ 橄欖油
6g 番紅花絲
鹽
工具：
燉飯鍋

洋蔥、大蒜去皮切薄片，紅椒切絲，辣香腸切薄片，雞肉切小丁。將橄欖油倒入燉飯鍋裡，快速拌炒明蝦和小龍蝦，立刻起鍋。放入雞丁，將表面拌炒成金黃色，放入辣香腸、魷魚、洋蔥、大蒜和紅椒。將米倒進鍋裡，拌炒至半透明＊，淋入白酒，加入番紅花，以小火燉煮，不時加水。米熟後（約 20 分鐘）調味，加入豌豆。上桌 5 分鐘前，均勻加入明蝦、小龍蝦、淡菜、蛤蜊……將材料壓入米飯中（如此在上桌時即能煮熟）。一待米開始黏鍋，即可上桌。

＊以橄欖油拌炒生米，直到米粒呈半透明狀態。

02 may

比薩時刻

6人份

準備時間10分鐘
放置2小時
烹調時間15分鐘

500g 麵粉
1 小包烘焙酵母粉（約 5～7g）1 茶匙鹽
1/4l 溫水
3 湯匙橄欖油
1 茶匙糖
番茄糊
乳酪（例如葛瑞爾 Gruyère）

酵母粉放入溫水中攪拌均勻＊，先讓酵母發酵（5分鐘）。將麵糰材料攪拌均勻。麵糰切成 6 份，蓋上溫的溼布，室溫放置 2 小時＊＊，將番茄糊和乳酪均勻的鋪在比薩上。比薩是所有美食的基本，你可以把豐富的食料放在桌上，讓大家依喜好做自己的比薩。

＊**為什麼用溫水？**讓酵母可以發酵。

＊＊**為什麼要蓋上溼布靜置？**溼布可以避免麵糰變得乾硬，放置是為了讓麵糰膨大。

03 may

西班牙蔬菜冷湯

6人份

準備時間15分鐘

1 顆哈密瓜
2 條小黃瓜
1 顆大頭蔥白
10 片薄荷葉
1/2 把蒔蘿
1 顆檸檬榨汁
15cl 橄欖油
10cl 雪利醋
Tabasco 辣椒醬（依個人喜好）
鹽

1 條小黃瓜＊、哈密瓜削皮，所有蔬菜切丁。將小黃瓜、大頭蔥白、薄荷以食物調理機打勻，加入雪利醋和橄欖油，以鹽和辣椒醬調味。哈密瓜與 2 根蒔蘿、檸檬汁打勻，調味。小黃瓜泥倒入杯底之後，再倒入哈密瓜泥，最後撒少許切碎的蒔蘿，冰涼享用。

＊**為什麼只有1條小黃瓜要削皮？**另1條的皮可以帶來爽脆口感，也可以保留下顏色。

04 may

兔肉凍

6人份

準備時間1小時
烹調時間3小時
放置24小時

1 隻汆燙處理過的小牛腳
1 隻兔肉（含內臟）
3 顆洋蔥
2 條紅蘿蔔
1 枝迷迭香
1 枝百里香
1 根芹菜
3 瓣大蒜
50g 生薑
1 杯波特白葡萄酒
1/2 把龍蒿
1 顆紅蔥頭
鹽及胡椒
工具：
肉凍陶罐

洋蔥、紅蘿蔔去皮切薄片。蒜瓣、生薑去皮切碎。兔肉切丁。將兔肉丁、小牛腳、洋蔥、紅蘿蔔、百里香、迷迭香、大蒜和生薑放入大燉鍋中，加入波特白酒，加水蓋滿材料。煮沸後，以小火繼續燉煮 3 小時。摘下龍蒿葉，切薄紅蔥頭。兔肉放涼後仔細去骨（小心細小的骨頭），拿出各種香料、洋蔥，加上所有食材，和兔肉拌勻，調味。將煮肉和香料的湯汁和小牛腳放涼。將兔肉填入肉凍陶罐，加入放涼的湯汁。用叉子在兔肉凍上戳幾個洞＊。蓋上蓋子，冷藏 24 小時後享用。

＊**為什麼要在肉凍上戳洞？**可以讓液體的湯汁更容易滲入肉凍中。

05 may

生鮭魚韃靼
6人份

（◎譯註：普丹絲Prudence字義為「謹慎、小心」）

準備時間15分鐘

800g 新鮮鮭魚片
3 枝芫荽
6 枝蝦夷蔥
2 顆大頭蔥白
1 根芹菜
1/2 顆紅椒
1/2 顆綠檸檬榨汁
8 葉羅勒
10cℓ 橄欖油
鹽及胡椒

摘下芫荽葉。大頭蔥白、紅椒、芹菜切成細絲。蝦夷蔥切大段。鮭魚切成 1cm 小丁，和上述材料拌勻。羅勒葉與檸檬汁、橄欖油以食物調理機打勻，調味。上桌前，將羅勒檸檬油醋淋上鮭魚 *。

＊為什麼在上桌前的最後一刻才淋油醋調味？ 鮭魚生吃最美味，但檸檬的酸會讓鮭魚稍微熟化，所以最後才加。

06 may

大黃甜塔
6人份

準備時間20分鐘
烹調時間20分鐘

塔皮：
250g 麵粉
125g 奶油
100g 糖
3 湯匙液狀鮮奶油
大黃餡料：
1kg 大黃
100g 榛果粉
100g 糖 2 份
100g 奶油
1 顆蛋
2 湯匙覆盆子醬
2 湯匙藍莓醬

烤爐預熱 180℃。以 100g 糖和 20cℓ 水調配糖水。大黃去皮 *，切成 10cm 長段，放入糖水以小火煮 5 分鐘。將奶油微波融化，與榛果粉、蛋拌勻。麵粉與剩下的糖拌勻，拌入奶油，加入液狀鮮奶油攪拌麵糰至均質。擀平麵糰，用來鋪模子，接著放入大黃，淋入榛果奶油。以 180℃烤20分鐘左右。澆淋上果醬。

＊大黃為什麼要去皮？該怎麼做？ 大黃的表皮充滿纖維，要藉助刀子來去皮。先切開表皮，然後拉出整條的纖維。

07 may

草莓塔
6人份

準備時間20分鐘
烹調時間20分鐘

塔皮：
180g 麵粉
30g 烘焙用杏仁粉
120g 薄鹽奶油
80g 糖
1 顆蛋
奶醬：
25cℓ 全脂牛奶
80g 糖
2 顆蛋黃
20g 麵粉
1 湯匙玉米粉
新鮮草莓：
800g 草莓，最好是 gariguette 品種
糖粉

烤爐預熱至 180℃。奶油切丁，放在室溫。麵粉、糖、杏仁粉拌勻，加入奶油，以手掌將麵糰壓勻，加蛋。用保鮮膜包住塔皮，放入冰箱冷藏。將冰涼之後的塔皮攤平在烤紙上（厚度 5mm），裁成圓片，以 180℃烤15分鐘左右（烤至塔皮成金黃色 *）。蛋黃加糖，打至顏色變淺、起泡，加入麵粉和玉米粉。牛奶煮沸 **，倒入蛋黃混合醬中，攪拌均勻，以小火煮 8 分鐘，期間不停攪拌。放涼。草莓切去蒂頭。塔皮上先放 1 湯匙蛋黃奶醬，接著放上草莓，撒糖粉。

＊關於烤塔皮： 未避免塔皮太過蓬鬆，建議將塔皮放在無底慕斯圈裡，下面墊烤紙，上面放點水果乾。麵糰冷藏之後，再放進烤爐。

＊＊ 為什麼牛奶要煮沸？ 煮沸之後的牛奶，可以和蛋黃混合得更均勻。

08 may

烤牛五花

6人份

準備時間20分鐘
烹調時間5小時

1塊1.2kg無骨小牛五花肉
1把羅勒
10cℓ橄欖油
50g松子
50g帕瑪森乳酪
1瓣大蒜
3顆紅蔥頭
1湯匙普羅旺斯綜合香料
鹽及胡椒

烤爐預熱至100℃。紅蔥頭、蒜瓣去皮。帕瑪森乳酪與橄欖油、松子、蒜瓣和羅勒以食物調理機打勻。紅蔥頭切碎。將小牛五花肉放在砧板上（皮朝下），塗抹醬料，撒上紅蔥頭和普羅旺斯綜合香料，調味。以細繩捲起五花肉，放入烤箱烤5小時＊。以尖刀戳刺五花肉判斷生熟度，能輕鬆刺入表示肉已經烤熟。

＊低溫爐烤：烤爐溫度不超過100℃，不時舀起烤出來的肉汁澆淋五花肉。

09 may

大頭蔥白蘆筍沙拉

6人份

準備時間15分鐘

2把綠蘆筍
3顆大頭蔥白
3顆熟透的番茄
少許芝麻菜
1把蒔蘿
1顆檸檬榨汁
4湯匙橄欖油
1湯匙蘋果醋
鹽及胡椒

＊為什麼要在番茄表皮劃十字？方便去皮。

綠蘆筍切掉尾端（約2cm）後，切成5cm小段再切絲。在番茄底部劃開十字切痕＊，過沸水燙3秒鐘，去皮，切成1cm小丁。洋蔥切薄片，摘下蒔蘿葉。將檸檬汁、蘋果醋加入橄欖油中攪拌。將所有蔬菜拌在一起，以油醋醬，鹽及胡椒調味。

10 may

辣炒小烏賊

6人份

準備時間30分鐘
烹調時間5分鐘

1kg小烏賊
100g麵粉
1湯匙埃斯佩萊特（Espelette）辣椒粉
50g奶油
2湯匙葵花籽油

＊處理小烏賊需要時間。先將小烏賊頭身分離，拿掉小烏賊嘴留下觸手，取出軟內殼，仔細清洗小烏賊身。

處理＊小烏賊，洗淨後用紙巾吸乾水份。將辣椒粉加入麵粉中拌勻。小烏賊裹上辣椒麵粉。奶油放入煎鍋加熱，以大火將小管表面煎至金黃色（注意：寧可分次煎炒，也不要把煎鍋放得太滿）。

11 may

小龍蝦凍
6人份

準備時間30分鐘
烹調時間1小時

12 尾新鮮小龍蝦
800g 牙鱈片
3 顆去皮紅蔥頭
4 顆蛋
20cℓ 液狀鮮奶油
1 顆綠檸檬
1 顆柳橙
100g 去莢新鮮豌豆
100g 去莢蠶豆
幾葉甘藍菜
鹽及胡椒

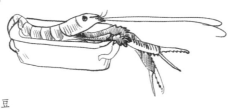

＊既然要隔水加熱煮熟，為什麼還要汆燙？保留蔬菜的綠色。

＊＊為什麼要剝掉蠶豆的薄皮？這層薄皮又硬又苦，不能吃。

紅蔥頭切薄片。檸檬和柳橙刨皮絲取果肉。豆類以加鹽沸水汆燙 ＊30秒，剝去蠶豆薄皮 ＊＊。
將牙鱈片、蛋、液狀鮮奶油打勻，拌入上述材料，調味。甘藍葉汆燙後鋪在陶罐中，倒入餡料至 1/2 高度，小龍蝦去殼後在模子裡各處疊出金字塔狀，再倒滿餡料。隔水以 160℃ 煮 1 小時。

12 may

小牛肉薄片佐刺山柑漿果
6人份

準備時間20分鐘
烹調時間5分鐘

600g 烤小牛肉
2 顆檸檬
10 顆大顆刺山柑漿果
2 根檸檬百里香
50g 奶油
6 朵蝦夷蔥花
10cℓ 橄欖油
1 湯匙波特葡萄酒
粗磨胡椒
鹽之花

＊為什麼要把肉放進冰箱冷藏？冰冷較容易切。

＊＊蝦夷蔥花要去哪裡找？花園裡！

將小牛肉放入煎鍋，以奶油將表面煎金黃即可，冷藏 30 分鐘 ＊。檸檬取下果肉。刺山柑漿果切片。小牛肉盡可能切薄，分別放在 6 個小盤子上，將橄欖油、波特葡萄酒拌勻，淋在牛肉上，撒上胡椒、鹽之花、切碎的百里香、蝦夷蔥花 ＊＊ 和檸檬果肉。

13 may

黃鱈佐嫩菠菜
6人份

準備時間15分鐘
烹調時間15分鐘

6 塊黃鱈
2 湯匙麵粉
6 顆大頭蔥白
3 條紅蘿蔔
2 瓣大蒜
600g 嫩菠菜
1/2 杯白葡萄酒
60g 奶油
1 至 2 湯匙橄欖油
鹽及胡椒

＊保溫小秘訣：以鋁箔紙包住，放在烤箱打開的門前。

大蒜去皮切碎。紅蘿蔔削皮，切成細短棍狀。大頭蔥白切細。黃鱈裹上麵粉，放入平底煎鍋，以橄欖油煎 10 分鐘左右。保溫 ＊。以同一口煎鍋煎炒大蒜、紅蘿蔔和大頭蔥白，加入嫩菠菜、白酒。以 2 至 3 分鐘時間收汁，加入奶油，調味。

瑪麗 & 雷昂

信仰有驚人的神祕力量

今天是凱文領取聖餐的大日子。雷昂和瑪麗邀請了整個家族的人,準備辦場正式的盛宴,每個人的餐巾前面都會擺上名牌和菜單。他們將餐桌拉開到最長,拿白床單充當桌巾,擺出婚禮用的銀器、來自南法的沐斯堤耶餐具、香檳杯、酒杯和水杯,優雅得不得了!大桌正中央的花瓶裡插著剛從花園裡剪下來鮮花,玫瑰和綠葉隨興搭配,更顯得別緻!餐宴簡直像場精采的高空鋼索表演。

家族的每個成員都表示會出席,喬治離開了辦公室,瑪麗蓮和費南德從200公里外開車過來,傑克叔叔前一天晚上就來到城裡。廚房和杯子裡一樣熱鬧滾滾。他們準備了上次在酒展中買6送6的氣泡酒。開胃點心有香腸千層酥、鯷魚千層酥、乳酪千層酥,這是酥餅華爾滋,有熱有溫有冷,選擇多樣化。傑克叔叔打開話匣子,笑話說個不停,「有個金髮女郎……」瑪麗蓮看到孩子長這麼大,難以置信地說:「想想看,我把他抱在懷裡不也是才昨天的事嗎?」費南德默默打開電視看一級方程式的摩納哥賽事,「這個漢彌頓太強了,我看,他今年會拿下冠軍。」喬治是大銀行(黃色招牌那家!)的貴賓服務專員,不懂小股東為什麼會這麼擔心目前的經濟危機。「該買的是歐洲隧道公司的股票,保證一年漲15%。」這個星期天中午的聚會就像星光大道一樣,四面八方都有聲音。凱文把注意力全放在自己來自巴黎的新電玩上——這要感謝喬治表哥。瑪麗與雷昂注意的則是泡芙堆疊起來的金字塔:有3個泡芙沒沾好焦糖,而他們每根指頭都貼了OK繃,嘴唇也起了水泡(哈哈,把沾到熱焦糖的手指放進嘴裡,這種反應太糟了),但這都沒關係,不管金字塔是不是成功堆了起來,反正都有泡芙可以吃。

14 may 泡芙金字塔

6人份

準備時間15分鐘
烹調時間30分鐘

泡芙糊:
25cl 水
125g 麵粉
65g 奶油
4 顆蛋外加 1 個蛋黃

奶油放入水中煮沸,一次倒進所有麵粉,以刮刀拌勻。以小火煮到材料不會黏著在在鍋壁為止。將鍋子拿離熱源,一次一個加入雞蛋。將泡芙糊排列在烤紙上(泡芙會膨脹,尺寸大約比原來大 1/3),在表面塗抹蛋黃。放入烤箱,以 160℃烤 30 分鐘(期間不可打開烤爐*)。將烤箱門半開,置放烤爐 10 分鐘。

鮮奶油泡芙:50cl 液狀鮮奶油(乳脂 30% 以上)加入 150g 砂糖打發,灌入泡芙皮內。

泡芙金字塔:用擠花袋灌入卡士達奶油(參考草莓塔作法 p.200)。沾上焦糖**。小心燙手!

* 為什麼不能打開烤爐?免得把泡芙烤成扁扁的鬆餅。

** 沾焦糖時若不想燙到手指,最好的方法是用牙籤戳起泡芙,一個一個去沾。

「朝鮮薊是蔬菜界的脫衣舞孃，脫下層層外衣之後，你會希望薊心的毛絲不要過多。」

15 may 馬卡龍佐紅果子醬

6人份

準備時間20分鐘
烹調時間20分鐘

125g 烘焙用杏仁粉
220g 糖粉
4 個蛋白
50g 砂糖
200g 卡士達奶油（參考草莓塔作法 p.200）
200g 覆盆子
200g 草莓
紅果子雪酪（例如草莓、覆盆子等水果）
3 湯匙覆盆子醬
3 湯匙藍莓醬

烤爐預熱 160℃。混合糖霜和杏仁粉過篩＊。蛋白加糖打發至尖端挺立，輕輕與杏仁糖粉拌勻，混合物應該要有光澤。將蛋白餅糊在烤紙上分成 6 個圓形，待 30 分鐘硬化後，以 160℃烤 10 分鐘，放涼。用卡士達奶醬在盤子上劃個圈＊＊，加上 1 球紅果子雪酪，外層圍一圈覆盆子和草莓，淋上果醬，再蓋上馬卡龍。

＊為什麼要過篩？免得材料結塊，也比較容易和蛋白霜拌勻。

＊＊怎麼劃圈？要有耐心，或是用擠花袋。

16 may 紫色朝鮮薊與佩柯里諾綿羊乳酪

6人份

準備時間30分鐘
烹調時間10分鐘

18 顆紫色朝鮮薊
1 顆檸檬
120g 佩柯里諾綿羊乳酪
3 顆大頭蔥白
少許芝麻菜
橄欖油
鹽之花

切掉朝鮮薊梗的尾端和花形苞葉的上半截。剝掉外圍葉片，留下嫩葉和薊心，直剖 2 半取掉絨毛後，泡檸檬水＊。以橄欖油拌煮 5 到 7 分鐘，保留脆度。刨下綿羊乳酪片，拌入芝麻菜、大頭蔥白絲，加入朝鮮薊，淋上少許橄欖油，以鹽之花調味。

＊為什麼要泡在檸檬水裡？朝鮮薊氧化速度很快，檸檬可以減緩氧化速度。

17 may 青醬羊肉佐蕪菁

6人份

準備時間20分鐘
烹調時間20分鐘

2 大塊羊肋排（共 8 支肋骨）
3 把小蕪菁
1 把羅勒
少許芝麻菜
1 顆檸檬榨汁
80g 帕瑪森乳酪
2 瓣大蒜
1 湯匙糖
50g 奶油
鹽及胡椒

在蒂頭上方 1cm 處＊切下蕪菁，去皮。蒂頭朝上放入平底深鍋中，蓋滿水，加入奶油和糖，再蓋上烤紙＊＊。以小火煮到所有水份蒸發，然後將蕪菁在鍋底的殘存水份翻滾一下增加亮澤＊＊＊。在羊肋排上淋點橄欖油，放入爐中以 180℃烤 15 分鐘左右（依個人喜好的生熟度來決定爐烤時間）。芝麻菜、羅勒、帕瑪森乳酪、檸檬汁和蒜瓣以食物調理機打勻，調味。拿出烤爐裡的羊肋排，放置 5 分鐘。切開肋排，淋上青醬，調味。搭配小蕪菁享用。

＊為什麼要保留蒂頭？純粹是美觀，很漂亮，不是嗎？

＊＊ 明明要水份蒸發，為什麼還要蓋上烤紙？這樣可以將材料烹煮得更均勻。

＊＊＊ 法文術語為 lustrer

18 may

風乾火腿片佐甜瓜
6人份

準備時間15分鐘

2 顆哈密瓜
3 片風乾火腿
1 把蝦夷蔥
2 枝奧勒岡草
1 茶匙蜂蜜
2 湯匙核桃油
鹽之花

✱切成細絲：
chiffonade

火腿切細絲✱。哈密瓜去皮去籽，切成薄片，鋪成花朵狀。蜂蜜和核桃油拌勻，刷在哈密瓜上，再撒上火腿絲、預先切小段的蝦夷蔥，和切碎的奧勒根草，以鹽之花調味。

19 may

古早味黑森林蛋糕
6人份

準備時間30分鐘
烹調時間20分鐘

250g + 100g 好品質黑巧克力
100g 奶油
6 顆蛋
150g + 100g 糖
2 湯匙玉米粉
200g 糖漿櫻桃 ✱
40cl 液狀鮮奶油（乳脂 30% 以上）
2 小包香草糖
10cl 櫻桃利口酒

250g 巧克力和奶油一起隔水加熱。其餘 100g 巧克力削薄片備用。將蛋白與蛋黃分開。蛋黃加 150g 糖打發至顏色變淺起泡後，加入玉米粉，接著加入融化的巧克力奶油，再拌入打發至尖端挺立的蛋白。將材料倒入預先塗了奶油和麵粉的蛋糕模，以 180℃ 烤 20 分鐘。蛋糕脫膜，橫剖成 3 份。以 100g 糖，10cl 水和 10cl 櫻桃利口酒調配糖水。將每片蛋糕都泡過糖水。液狀鮮奶油加香草糖打發。在 2 片蛋糕上擺櫻桃，抹上鮮奶油，蓋上第三片組合成黑森林蛋糕，最後撒上巧克力片。

✱ 漬泡在糖漿裡的櫻桃。

20 may

小黃瓜、薄荷、茴香沙拉
6人份

準備時間20分鐘

2 條小黃瓜
2 顆球莖茴香
1 把芫荽
3 根蝦夷蔥
2 顆檸檬
10cl 橄欖油
粗鹽，胡椒

小黃瓜削皮，直剖 2 半，去心去籽後切成薄片，放入濾網，加少許粗鹽脫水✱。球莖茴香剖半後盡可能切薄，加入 2 顆檸檬汁拌勻，再加入切細的蝦夷蔥、芫荽、小黃瓜和橄欖油✱✱。

✱小黃瓜為什麼要脫水？ 脫水之後較容易消化，時間大概 1 小時左右。如果你不不這麼⋯⋯呃⋯⋯把小黃瓜⋯⋯呃⋯⋯先脫水，你整天都會⋯⋯呃。

✱✱什麼時候調味？
先嚐一下再說，因為用鹽脫水的小黃瓜已經有鹹味。

瑪麗 & 雷昂

賈各隊

好的鴨胸肉該怎麼找，去哪裡找？最頂級的鴨胸來自法國西南部的朗德省。這就像最好吃的牛軋糖在蒙特利馬爾，最好的沙丁魚在馬賽，諾曼地有最頂級的卡蒙貝爾乳酪，康布雷的薄荷糖和里昂的玫瑰臘腸無人能及一樣……而且在朗德省，我們有賈各。相信我，賈各是最寶貴的資源，我們可以直接撥打他的手機……啊，討厭！那些海底隧道老是會影響訊號，電話老是會斷線！只要讓賈各知道我們什麼時候會到，東西就會準備好。烤肉用的碳火染紅了葡萄藤的嫩芽（還有我們），鴨胸肉等不及了（我們也一樣）。瑪麗和雷昂·瓦許果記錯日子（嘿，冷靜一點），朋友都到了。世界開瓶冠軍貝納拿著瓶子為大家倒酒，戀家的龐龐貪好威士忌，一向口齒不清。但也只有在這個地方，梨子烈酒嚐起來有陶土的味道。他們的妻子面帶微笑看著這群男人，聽到他們胡說八道還會喝采……鴨胸肉實在太讚了！

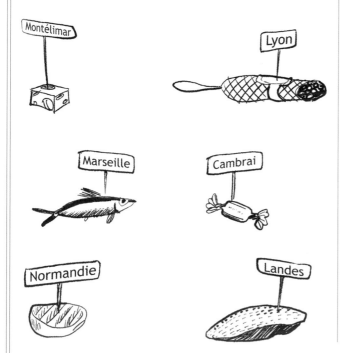

Montélimar
Lyon
Marseille
Cambrai
Normandie
Landes

21 may 辣味鴨肉串
6人份

準備時間15分鐘
碳烤時間10分鐘

3 塊鴨胸肉
1 個紅椒
1 個青椒
6 顆大頭蔥白
少許埃斯佩萊特辣椒粉
2 湯匙醬油
1 湯匙橄欖油
2 瓣大蒜

每塊鴨胸切成 2 長條，接著各切 6 塊。青椒、紅椒切成 2cm 方塊。大頭蔥白對切。大蒜去皮切碎，與醬油、橄欖油混合。以烤肉串插起材料，刷上醬油，撒上辣椒粉。以碳烤或爐烤炙燒鴨肉幾分鐘即可：鴨肉塊內部應仍呈紅色。

23 may
焗烤馬鈴薯
6人份

準備時間15分鐘
烹調時間45分鐘

1kg 馬鈴薯
60cl 液狀鮮奶油
鹽及胡椒
烤爐預熱至 180℃。

傳統焗烤馬鈴薯：
馬鈴薯切片，放入烤盤。液狀鮮奶油加鹽、胡椒和少許肉豆蔻拌勻，淋在馬鈴薯片上。以 180℃烤 45 分鐘。

博福特乳酪口味：
將 200g 博福特乳酪切成細片，6 瓣大蒜切片。將馬鈴薯、博福特乳酪、大蒜層層堆疊在烤盤上。液狀鮮奶油調味後，淋在材料上。以 180℃烤 45 分鐘。

洋蔥培根口味：
4 顆洋蔥切薄片，以少許油，和 150g 煙燻培根拌炒。將馬鈴薯、洋蔥、培根層層堆疊在烤盤上。液狀鮮奶油調味後，淋在材料上。以 180℃烤 45 分鐘。

22 may
親家母烤小牛肉
6人份

準備時間20分鐘
烹調時間45分鐘

1 塊 1.2kg 烤小牛肉
800g 秀珍菇 *
6 瓣大蒜
1 把迷迭香
1 杯白葡萄酒
2 顆紅蔥頭
60g 奶油
橄欖油
鹽及胡椒

在大燉鍋裡放入 3 湯匙橄欖油，將小牛肉表面煎成金黃色。加入少許白酒、迷迭香、整顆紅蔥頭，蓋上燉鍋以小火燉煮 45 分鐘。取出燉鍋裡的小牛肉，保溫。大蒜去皮切薄片，在鍋中加入奶油後爆香，放入秀珍菇，以大火拌炒 5 分鐘，調味。將小牛肉放入盤中，秀珍菇裝飾在四周。

＊清洗：將秀珍菇迅速沖水洗淨，用布擦乾。

＊＊5月吃菇？沒錯，秀珍菇是人工栽培的，整年都有。

24 may
紅果子沙拉
6人份

準備時間15分鐘

300g 草莓
300g 覆盆子
150g 馬斯卡朋乳酪
15cl 液狀鮮奶油（乳脂 30% 以上）
100g 砂糖
2 湯匙杏仁利口酒

草莓去蒂 *。液狀鮮奶油加糖打發。將杏仁利口酒拌入馬斯卡朋乳酪中，再拌入打發的鮮奶油。在杯子裡先放入幾顆草莓和覆盆子再加入馬斯卡朋鮮奶油，重複 1 次。

＊手邊剛好沒有紅果子嗎？可以用任何時令水果取代草莓和覆盆子。

「聖厄本日這天，我們要在城裡吃晚飯。」

（◎譯註：厄本，urbain，字義為「都會」。）

25 may 培根乳酪串
6人份

準備時間15分鐘
碳烤時間7至8分鐘

600g 康堤乳酪
12 片不帶軟骨的煙燻培根
1 茶匙蜂蜜
2 湯匙醬油
1 湯匙 Viandox 牛肉汁
粗磨胡椒

康堤乳酪切成 1cm 短棍狀，以烤肉串直插。以煙燻培根包覆乳酪塊。將蜂蜜、醬油和牛肉汁拌勻，刷在串燒材料上。撒粗磨胡椒。以烤肉架串烤，每面皆須烤到，乳酪開始融化時即可享用。

27 may 米飯沙拉
6人份

準備時間20分鐘
烹調時間20分鐘

300g 米
3 顆番茄
100g 去筴豌豆
100g 荷蘭豆
100g 四季豆
1 顆紅蔥頭
50g 烏魚子
1 顆蛋
1 湯匙第戎芥末醬
10cℓ 橄欖油
20cℓ 葵花籽油
1 顆檸檬的皮絲和檸檬汁
鹽及胡椒
工具：
深碗

26 may 鹽烤魴魚
6人份

準備時間20分鐘
烹調時間20分鐘

2 尾魴魚
2 湯匙橄欖油
1 把羅勒
1 把山蘿蔔葉
1 湯匙小茴香籽
3 根蒔蘿
500g 粗鹽
500g 麵粉

烤爐預熱至180℃。魴魚處理乾淨。新鮮香料切細。魴魚抹上油，滾沾上切碎的香料。麵粉與粗鹽拌勻，加水，水量必須以讓麵糰產生足夠延展性。將麵糰分成兩份，擀平麵糰，擺上魴魚，蓋上另一層麵糰之後，捏出魚的形狀。放入烤爐以 180℃ 烤 15分鐘，以麵包刀切開烤硬的鹽殼。

✳ **切開鹽殼**：別緊張，麵粉和粗鹽混合在一起，烤硬切開後不會撒得到處都是。

✳ **製作美乃滋的簡易技巧**：用整顆蛋（含蛋白與蛋黃）比單用蛋黃更容易打出美乃滋。

以大鍋沸水煮米，依照包裝盒指示決定烹煮時間。煮熟後立刻沖水。將青菜放入加了鹽的沸水中煮 7 到 8 分鐘，需保持爽脆度。番茄切丁，烏魚子削薄片。蛋、芥末醬、檸檬皮絲、檸檬汁、橄欖油和葵花籽油放入深碗中，以攪拌棒將材料打成美乃滋 ✳，調味。將所有材料拌在一起，冰冷享用。

28 may

白豆羊肉
6人份

準備時間20分鐘
烹調時間2小時

1塊羊後腰肉（去骨）
1把扁葉巴西里
3顆紅蔥頭
1個蒜球
1枝迷迭香
250g乾燥的白豆
1束法國香草束
1顆番茄
2顆洋蔥
2瓣大蒜
鹽及胡椒

前一晚先將乾白豆泡水。將羊肉沿著骨頭方向直切，鋪在切碎的紅蔥頭和巴西里葉上，調味。捲起對切的羊肉，用繩子綁緊。放入烤爐，和對切的蒜球、迷迭香一起以200℃烤15分鐘左右。泡過水的白豆和洋蔥、蒜瓣、香草束、大致切開的番茄一起放入沸水中煮2個鐘頭，瀝乾，以烤羊肉的烤盤加熱，調味。

29 may

拌炒朝鮮薊
6人份

準備時間30分鐘
烹調時間15分鐘

18顆紫色朝鮮薊
3顆紅蔥頭
4瓣大蒜
2枝百里香
橄欖油
鹽之花

＊為什麼要剝掉外層的大片葉子？顏色淺一點的葉子和薊心是最嫩的部分，留下這個最好吃的部分就好。

切掉朝鮮薊梗的尾端和花形苞葉的上半截。剝掉外層的大葉片＊，留下嫩葉和薊心。直剖2半，取掉絨毛，放在檸檬水裡。蒜瓣和紅蔥頭去皮切薄片，和朝鮮薊、百里香一起以橄欖油拌炒5到7分鐘，蔬菜應保留爽脆口感。以鹽之花調味。

30 may

紫米海鮮燉飯
6人份

準備時間15分鐘
烹調時間45分鐘

350g卡馬爾格紫米
(riz noir camarguais)
6顆洋蔥
10瓣大蒜
800g魷魚
1杯白葡萄酒
鹽及胡椒
工具：
燉飯鍋

＊紫米有什麼特殊？卡瑪爾格紫米質地紮實，很適合做西班牙海鮮燉飯。

洋蔥、大蒜去皮，放入海鮮燉飯鍋裡，加入魷魚和紫米＊，以橄欖油拌炒5分鐘，淋入白酒，再加入水（份量為米量的3倍），調味。以小火燉煮45分鐘，米應該煮軟，水份完全蒸發。

瑪麗 & 雷昂

烤肉：男人的事

今天是烤肉日，「烤肉是男人的事，瑪麗，妳今天放假，讓我雷昂來負責。」

在這個艷陽日的十點鐘，雷昂便急著去準備烤肉架，備足木炭。至於瑪麗呢，她在廚房裡清洗烤肉網——骯髒的烤肉網。上次她家男人和球友烤完香腸之後，沒洗就收了起來。

10點10分：烤肉網洗乾靜了，趕快跳上車，開車到肉舖買雷昂忘了買、但午餐要用的牛肋排。

10點45分：瑪麗回到家，開始洗菜備料，打點讓午餐能順利進行的器具。

11點30分：瑪麗擺好了餐具，打開一瓶玫瑰紅酒，拿出茴香開胃酒。「別忘了拿冰塊，瑪麗。」

11點55分：瑪麗開始煮蔬菜，把肉拿給丈夫。雷昂把牛肋排放在烤肉架上，為大家倒酒。

12點30分：瑪麗確認蔬菜可以上桌了，對外頭的雷昂喊道：「牛肋排要烤焦了！」雷昂把烤得太熟的肉放上桌，再次為賓客倒酒。

12點40分：瑪麗切開肋排分給客人，端來蔬菜，同樣分到客人盤裡，迅速吃點東西，然後進廚房準備甜點。雷昂還繼續為賓客倒酒。

13點30分：瑪麗收拾餐盤，整理好桌面，去準備咖啡。雷昂接著為賓客倒酒。

14點30分：瑪麗洗了餐具，掃過地，雷昂把烤肉用具留在外面，說：「烤架還很熱，可能會燙到手！」他要去睡午覺。「我累壞了，親愛的，妳應該很高興吧，負責烤肉的人不是妳？」看到瑪麗面有怒容，雷昂下了個結論：他老婆就是愛生氣。

31 may

烤牛肋
6人份

準備時間20分鐘
烹調時間：要由你來決定

選一塊 1.5kg 的牛肋，最好是熟成 *，油花分部均勻，品種優良（1塊上好的牛肉遠勝於 2塊普通牛肉，所以追求品質吧，下次我們吃沙丁魚！）。碳火燒紅之後，牛肉兩面各煎 3分鐘，先炙焦表面 **，接著再慢慢烤肉 ***。

1：龍蒿奶油
100g 薄鹽奶油與 1顆切碎紅蔥頭、1把切碎龍蒿拌勻。

2：白醬
1把切碎的龍蒿放入 10cℓ 葡萄酒醋中加熱收乾，將鍋子從熱源上拿開，加入 2個蛋黃，放回爐上，以文火邊煮邊打發至材料顏色變淺（不能讓蛋黃凝結）。慢慢加入預先融化的 200g 奶油，一邊繼續攪拌，調味，立即品嚐。

3：聖馬瑟琳乳酪 (saint-marcellin)
以 20cℓ 液狀鮮奶油融化 2個聖馬瑟琳老乳酪，收成濃稠的醬汁。

4：洋蔥
以橄欖油拌炒 4個預先切薄的洋蔥，加入 1湯匙紅砂糖，淋入 1杯紅酒，再加 1茶匙濃縮番茄糊，收汁。

＊熟成？熟成需要時間，可以使肉質更嫩（說到這裡，其實我也是這樣）。

＊＊為什麼要炙焦表面？可以鎖住肉汁。

＊＊＊火候怎麼控制？肉烤得越熟，摸起來就越硬。

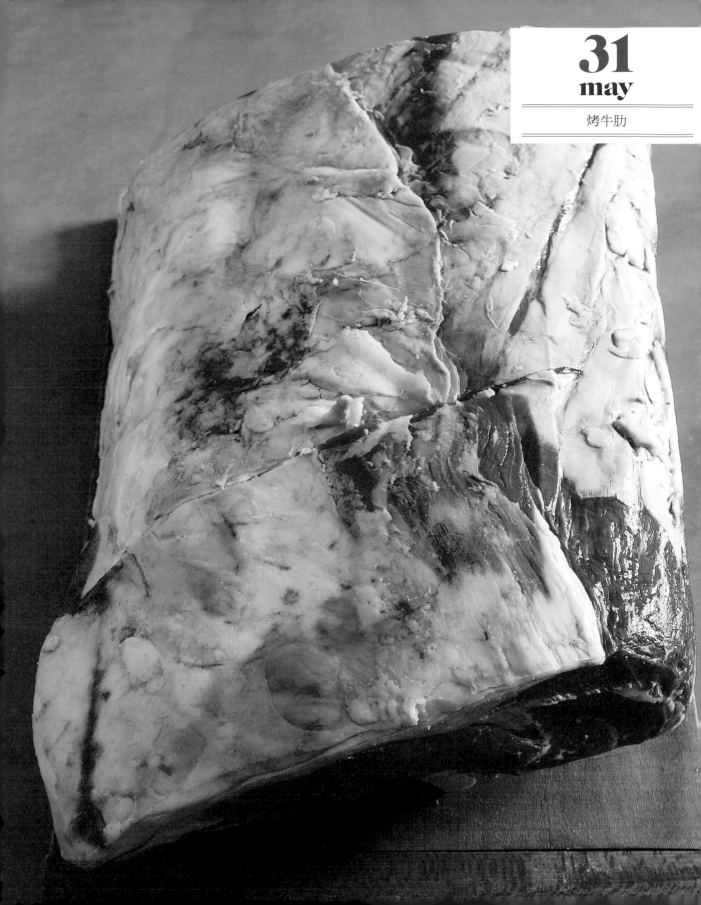

June

時令蔬果

櫛瓜
紅椒、青椒、黃椒
大頭蔥白
番茄
小黃瓜
茄子
蠶豆
荷蘭豆
豌豆
四季豆
綠蘆筍
芝麻菜
豆芽
苜蓿芽
新鮮香料
櫻桃
大黃
草莓
覆盆子
藍莓

魚貝蝦蟹

鯖魚、沙丁魚
燻鮭魚
鮪魚
鯷魚片
小章魚、花枝
魟魚

肉類及肉製品

牛排
小牛肉片
雞肉
兔肉
鴨肉
牛絞肉
煙燻五花肉丁
豬脖子肉
豬腩肉
羊腿肉

精緻美食

義大利阿柏里歐燉飯米
粗粒小麥粉

---

01 賈斯丁
櫛瓜沙拉

02 布蘭婷
油漬彩椒

03 凱文
波隆納肉醬義大利麵

08 梅達
蔬菜凍

09 黛安
燻鮭魚筆管麵沙拉

10 朗德麗
塔布勒沙拉

15 奧古斯丹
紅酒櫻桃

16 法蘭斯瓦
芥末兔肉

17 艾爾維
洋蔥塔

22 阿爾班
大黃紅果子泥

23 奧黛麗
春捲

24 強－巴布帝斯
傳統蔬菜冷湯

29 皮耶
蒜炒花枝

30 馬爾錫爾
芫荽肉丸子

01

04	05	06	07
克蘿蒂	伊果	諾爾貝	吉爾伯
椰奶烤雞肉串	格勒諾布爾烤鯖魚	炸茄子	櫻桃蛋糕
11	12	13	14
巴納貝	蓋伊	安東尼	愛麗西
醃漬沙丁魚	鮪魚薄片佐芝麻	烤蔬菜	大蒜雞
18	19	20	21
蕾恩絲	朱德	絲爾薇	埃特
鴨肉醬	傳統千層麵	迷迭香烤沙丁魚	番茄鮪魚
25	26	27	28
普羅斯沛	安特林	費德南	依蓮妮
糖醋豬腩	奶酪	小章魚燉飯	檸檬鮋魚
02	03	04	05

01 june

櫛瓜沙拉
6人份

準備時間20分鐘

6 小條紮實的櫛瓜
1 把胡椒薄荷
3 根蝦夷蔥
1 顆檸檬
鹽及胡椒

櫛瓜不削皮，切成長條狀 *。摘下胡椒薄荷的葉片。蝦夷蔥的蔥綠部分切細，球莖部分切碎。將所有材料拌在一起，加入橄欖油和檸檬汁，調味。

＊ 怎麼將櫛瓜切成長條狀？先切成薄片，接著再切絲。

02 june

油漬彩椒
6人份

準備時間45分鐘
烹調時間10分鐘
放置24小時

3 個紅椒
3 個青椒
3 個黃椒
3 顆大頭蔥白
3 片月桂葉
3 根迷迭香
12 瓣大蒜
20cℓ 牛奶
30cℓ 橄欖油
1 茶匙胡椒粒
鹽之花

大蒜去皮，放入牛奶 * 中以小火煮 10 分鐘後清洗，切薄片。將彩椒整顆放入烤爐，以 200℃烤至表面焦黃（10 分鐘），放入封口保鮮袋裡 **（10 分鐘）。彩椒去皮，去籽，切片。大頭蔥白直剖成 4 塊，依序在 3 個罐子裡分別放入彩椒、大蒜、胡椒，以鹽之花調味再放入大頭蔥白。再加入 1 片月桂葉、1 枝迷迭香，淋入橄欖油。冷藏 24 小時後享用。彩椒可冷藏保存 1 個星期。

＊ 為什麼要用牛奶煮大蒜？可以緩和大蒜的味道，口感也比較柔滑。

＊＊ 為什麼要把彩椒裝進保鮮袋裡？悶在保鮮袋裡的濕氣，可以讓彩椒的外皮更容易剝除。

03 june

波隆納肉醬義大利麵
6人份

準備時間20分鐘
烹調時間20分鐘

500g 義大利麵條
4 塊 180g 牛排肉或小牛排，或雞肉
6 顆番茄
4 顆洋蔥
1 湯匙濃縮番茄糊
2 湯匙番茄醬
1 把羅勒
橄欖油
鹽及胡椒

牛排肉切長條 * 再切丁。番茄切丁。洋蔥去皮切薄片。以橄欖油拌炒牛肉和洋蔥，上色之後，加入番茄丁、番茄糊、番茄醬，繼續煮 10 分鐘。羅勒葉大致切碎。將麵條放入加了橄欖油的沸水中烹煮（依包裝指示），取出後立刻過冰水。麵條以橄欖油拌炒加溫，調味，淋上肉醬，撒上切碎的羅勒葉。

＊ 為什麼不用絞肉？我喜歡咀嚼好肉，不喜歡絞肉！

04 june

椰奶烤雞肉串
6人份

準備時間20分鐘
浸泡時間2小時
烹調時間10分鐘

6 片雞胸肉
20cl 椰奶
1 把芫荽
2 湯匙蜂蜜
鹽及胡椒

上路前再來一杯吧……

雞胸肉切長塊，以烤肉串串起。椰奶、芫荽和蜂蜜打勻，調味。將醬汁塗抹在雞肉上，冷藏 2 個小時。雞肉串每面烤 1 分鐘，沾醬汁後再烤一次 *。

＊為什麼要烤兩次？醬汁才會入味。

05 june

格勒諾布爾*烤鯖魚
6人份

準備時間20分鐘
烹調時間15分鐘

6 尾值得推薦的鯖魚
6 片隔夜法國麵包
2 顆檸檬
50g 大顆粒刺山柑漿果
80g 奶油
100g 吐司麵包
15cl 液狀鮮奶油
4 顆紅蔥頭
1 把扁葉巴西里
橄欖油

烤爐預熱至 180℃。清理鯖魚，洗過以後吸乾水份。紅蔥頭去皮切薄片。將吐司、液狀鮮奶油、巴西里葉打成泥，加入紅蔥頭，調味。將鮮奶油香料泥填入鯖魚裡。填好的魚放在烤盤上，淋少許橄欖油，放進烤爐烤 10 分鐘。檸檬剝皮取出果肉，將隔夜的法國麵包切丁。以加熱融成榛果色的奶油將法國麵包丁煎成金黃色，加入檸檬果肉和刺山柑漿果。以檸檬刺山柑漿果醬汁澆淋鯖魚。

＊為什麼叫作格勒諾布爾烤鯖魚？因為在冬天，鯖魚會穿著桃紅色的外衣高速沿著格勒諾布爾的滑雪道往下衝。

06 june

炸茄子
6人份

準備時間20分鐘
烹調時間20分鐘

3 條紮實的茄子
200g 麵粉
20cl 牛奶
3 顆蛋
6 顆番茄
6 瓣大蒜
2 顆紅蔥頭
50g 生薑
10cl 橄欖油
1l 用來炸茄子的油
鹽及胡椒

茄子切成 5mm 薄片，調味。將番茄放入滾水中燙 30 秒，去皮。大蒜、紅蔥頭、生薑去皮切碎，放入橄欖油鍋拌炒，加入切丁番茄，以小火燉煮 20 分鐘，調味，打成醬料。蛋黃、蛋白分開。將蛋白打發至尖端挺立。蛋黃和麵粉拌勻後加入牛奶，慢慢拌入蛋白。將準備炸茄子的油鍋加溫至 160℃，茄子沾麵衣後放入油鍋，每面 * 各炸 2 分鐘。搭配番茄醬料享用。

＊如果不想太油，可以將炸好的茄子放在紙巾上，吸去多餘的油脂。

07 june

櫻桃蛋糕
6人份

準備時間10分鐘
烹調時間30分鐘

500g 熟透的櫻桃
60g 麵粉
20cl 牛奶
10cl 液狀鮮奶油
3 顆蛋
100g＋120g＋20g 糖
20g 奶油

櫻桃與 100g 砂糖拌勻。麵粉與雞蛋、120g 糖拌勻，加入牛奶和液狀鮮奶油。烤模先刷上奶油，以 20g 糖襯墊模子＊，放入櫻桃。倒入蛋糕材料，以 180℃烤 30 分鐘。出爐後撒上糖。

＊ 為什麼要以糖來當襯墊？烤出來的蛋糕會帶著焦糖味。

08 june

蔬菜凍
6人份

準備時間30分鐘
烹調時間1小時

2 條紅蘿蔔
1 條櫛瓜
100g 蠶豆
1 個紅椒
2 顆紅蔥頭
50g 生薑
40cl 液狀鮮奶油
5 顆蛋
少許肉豆蔻
鹽及胡椒

烤箱預熱至 160℃。紅蘿蔔去皮切成小棍狀，放入加了鹽的滾水中煮 5 分鐘（質地仍然紮實）。紅椒、櫛瓜（不必去皮）切絲。蠶豆汆燙後去掉薄皮。生薑、紅蔥頭去皮切碎。蛋與液狀鮮奶油打勻，加入肉豆蔻、薑、紅蔥頭，調味。以鋁箔紙墊肉凍陶罐，放入蔬菜（平均疊放），倒入香料鮮奶油蛋汁，隔水以 160℃烤 1 小時＊。

＊ 怎麼脫膜？有鋁箔紙墊住，蔬菜凍很容易脫膜。

09 june

燻鮭魚筆管麵沙拉
6人份

準備時間20分鐘

烹調間 10 分鐘
400g 筆管麵
150g 燻鮭魚
1 顆紅洋蔥
少許芝麻菜
1 顆蛋
1 顆檸檬
1 茶匙芥末醬
10cl 橄欖油
15cl 葵花籽油
鹽及胡椒

依包裝指示煮熟筆管麵，煮至外軟內硬之後放涼。紅洋蔥去皮切碎。檸檬刨下皮絲，榨汁。將芥末醬、蛋、檸檬汁、橄欖油、葵花籽油拌勻，打成質地紮實的美乃滋＊，調味。燻鮭魚切絲，拌入所有材料，以檸檬美乃滋調味。撒上檸檬皮絲。冰涼享用，上桌前加入芝麻菜＊＊。

＊ 美乃滋怎麼做？把所有材料放進去以調理機打勻，或是盡全力用手攪拌！

＊＊ 為什麼最後才放芝麻葉？為了保持芝麻葉爽脆的口感。

10 june

塔布勒沙拉
6人份

準備時間45分鐘
放置1小時

300g 粗粒小麥粉（中等顆粒）
1 條小黃瓜
4 顆番茄
3 顆紅蔥頭
1 顆柳橙
2 顆檸檬
10 片薄荷葉
1 把扁葉巴西里
15cℓ 橄欖油
鹽及胡椒

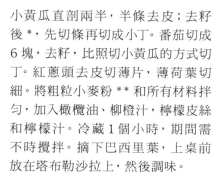

小黃瓜直剖兩半，半條去皮；去籽後 *，先切條再切成小丁。番茄切成 6 塊，去籽，比照切小黃瓜的方式切丁。紅蔥頭去皮切薄片，薄荷葉切細。將粗粒小麥粉 ** 和所有材料拌勻，加入橄欖油、柳橙汁，檸檬皮絲和檸檬汁。冷藏 1 個小時，期間需不時攪拌。摘下巴西里葉，上桌前放在塔布勒沙拉上，然後調味。

✽ 為什麼要去籽？小黃瓜的籽水份很多，而且不容易消化。

✽✽粗粒小麥粉不必先煮熟嗎？柳橙汁、檸檬汁和橄欖油就可以熟化小麥粉了。

11 june

醃漬沙丁魚
6人份

準備時間45分鐘
醃漬時間24小時

18 尾新鮮沙丁魚
6 顆大頭蔥白
2 顆柳橙
3 湯匙醬油
2 湯匙魚露
粗磨胡椒
20cℓ 橄欖油
鹽之花

✽ 自己怎麼取沙丁魚片？從魚頭處切開，將刀子由魚背往魚尾方向橫剖，取下第一片魚片，小心拿掉魚骨之後，取第二片魚片。

✽✽為什麼要用冰水沖洗？讓細緻的沙丁魚肉恢復彈性。

沙丁魚去鱗，取下魚片 *，盡可能把魚骨剔乾淨。以冰水沖洗魚片 **，用紙巾擦乾。柳橙刨下皮絲後榨汁，將皮絲、柳橙汁與醬油、魚露、橄欖油拌勻。大頭蔥白切細。沙丁魚放入烤盤，蓋上大頭蔥白，淋上柳橙魚露油醬。以鹽之花和粗磨胡椒調味。冷藏 24 小時後享用。

12 june

鮪魚薄片佐芝麻
6人份

準備時間15分鐘
烹調時間5分鐘

1 片 400g 鮪魚片
10 片油漬鯷魚
50g 白芝麻
100g 荷蘭豆
100g 四季豆
2 顆番茄
2 顆大頭蔥白
15cℓ 橄欖油
1 茶匙第戎芥末醬
1 湯匙白葡萄酒

番茄放入沸水浸泡 30 秒，去皮後將果肉切成小丁。荷蘭豆、四季豆分別放入加鹽的沸水中煮（7 到 10 分鐘，保留蔬菜口感），取出後立刻過冰水。大頭蔥白切細，荷蘭豆斜切，四季豆切小段。混合所有蔬菜。鯷魚和芥末醬、白酒、橄欖油一起打成泥，一半用來當作蔬菜的調味醬汁。鮪魚片沾上芝麻，以橄欖油快速煎過，切成薄片。佐蔬菜，淋上另一半醬汁。

13 june

烤蔬菜
6人份

準備時間20分鐘
燒烤時間20分鐘

200g 小番茄
1 條茄子
2 條櫛瓜
1 把綠蘆筍
6 顆大頭蔥白
2 顆紅椒
3 顆茴香嫩球莖
1 把羅勒
橄欖油
巴薩米克醋
鹽之花

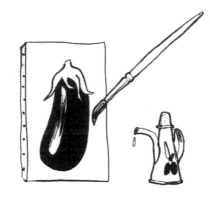

＊刷?用烘焙刷在蔬菜上塗上橄欖油。

＊＊為什麼要分開烤？每種蔬菜烤的時間長短不同，不要在烤架上放滿蔬菜，最好分階段烤。

櫛瓜和茄子切圓片。綠蘆筍尾端削皮後切成 2 段。洋蔥和茴香球莖對切。紅椒切條狀。摘下羅勒葉。在蔬菜上刷＊一層橄欖油後分開烤＊＊。上桌前放上羅勒葉，淋少許橄欖油和巴薩米克醋。以鹽之花調味。

14 june

大蒜雞
6人份

準備時間30分鐘
烹調時間1小時

1 隻土雞
10 瓣大蒜
1 把新鮮百里香
1 把羅勒
600g 麵粉
600g 粗鹽
20cℓ 白葡萄酒

＊怎麼填？把提到的香料放到雞身裡頭就好了。

烤爐預熱 180℃。混合麵粉和粗鹽，加入白酒拌成麵糰。大蒜去皮，其中 5 瓣和羅勒填入＊雞身，另 5 瓣切片和百里香撒在擀開的麵糰上，以麵糰緊緊包裹土雞（雞胸朝下注意關節部分）。以 180℃烤 1 小時，上桌，在賓客面前敲破鹽殼……真是香！

15 june

紅酒櫻桃
6人份

準備時間10分鐘
烹調時間30分鐘

1kg 櫻桃
60cℓ 紅葡萄酒
1 根肉桂
1 茶匙薑粉
1 茶匙茴香粉
4 湯匙蜂蜜
30cℓ 液狀鮮奶油（乳脂 30% 以上）
80cℓ 糖粉
2 湯匙櫻桃利口酒
工具：
6 個小杯

摘下櫻桃，和紅酒、香料及蜂蜜一起放入平底深鍋中煮沸。繼續滾煮 10 分鐘後，拿出櫻桃。紅酒蜂蜜香料醬汁繼續煮幾分鐘收汁。將櫻桃放回紅酒醬＊中，放入冰箱冷藏。液狀鮮奶油加糖打發，加入櫻桃利口酒。將櫻桃放入小杯中，加入 1 湯匙打發的鮮奶油。

＊櫻桃為什麼要在紅酒醬汁裡泡2次？第1次是為了煮熟，第2次則是浸漬在濃稠的紅酒醬汁中。

瑪麗 & 雷昂

今天早上，小兔子⋯⋯

16歲的凱文烹兔

我愛我的兔子

溫柔捧在掌心

碰觸牠肚子上蓬鬆的皮毛

我的手似乎迷失了

不可思議地柔軟

難以置信地細嫩

牠能跑

但我會抓住牠

牠暖暖的，這很正常

牠就喜歡這樣

剝了皮之後

牠會進鍋去

情感搔動我的鼻頭

芥末也會

晚上享用盛宴

而我對牠的愛絲毫不減

16 june 芥末兔肉
6人份

準備時間20分鐘
烹調時間35分鐘

1 隻兔子
2 條櫛瓜
300g 去筴新鮮豌豆
3 顆紅蔥頭
1 根迷迭香
2 瓣大蒜
1 湯匙麵粉
1 湯匙第戎芥末醬
1 個蛋黃
20cl 波特白葡萄酒
40cl 液狀鮮奶油
3 湯匙橄欖油
鹽及胡椒

＊ 切兔肉的建議：先切下腿，再切兔身。

＊蛋黃有什麼作用：可以讓醬汁結合得更均勻。

＊＊＊醬汁為什麼不能煮沸？蛋黃會凝固，醬汁跟著凝結。

兔肉切成 8 塊 ＊。紅蔥頭、大蒜去皮切薄片。櫛瓜切成短條狀。起油鍋，放入兔肉，和大蒜、紅蔥頭炒至表面焦黃，加入麵粉，繼續煮 5 分鐘。淋入波特酒，加入迷迭香，加蓋煮 20 分鐘。接著加入鮮奶油、櫛瓜、豌豆一起煮 15 分鐘。拿出兔肉和蔬菜。將鍋子拿離熱源，先加芥末醬再加蛋黃 ＊＊，打至均勻，將醬汁倒在兔肉上（注意！醬汁不能煮沸 ＊＊＊）。

17 june

洋蔥塔
6人份

準備時間20分鐘
烹調時間20分鐘

200g 千層派皮
3 枝迷迭香
50g 去核黑橄欖
50g 希臘式黑橄欖
50g 油漬鯷魚
6 顆洋蔥
橄欖油
鹽之花

烤爐預熱180℃。摘下迷迭香葉，和去核黑橄欖打匀，撒在千層派皮上*，將派皮擀成長方形。洋蔥切薄片，以橄欖油炒5分鐘，以鹽之花調味後，鋪在派皮上，再以鯷魚鋪出網格圖案，放上希臘式黑橄欖。將洋蔥塔以180℃烤20分鐘。冷熱皆宜。

＊為什麼要先撒上橄欖迷迭香再擀平派皮？讓香料可以更均匀地擀入麵糰中。

18 june

鴨肉醬
6人份

準備時間20分鐘
放置時間24小時
烹調時間1.5小時

400g 鴨肉
100g 煙燻鴨胸
100g 煙燻五花肉丁
200g 豬脖子肉 *
4 顆紅蔥頭
1 茶匙杜松子
1 茶匙埃斯佩萊特辣椒粉
1 把羅勒
2 片月桂葉
1 枝迷迭香
3 湯匙雅馬邑（Armagnac）白蘭地
15cℓ 紅葡萄酒
鹽
工具：
絞肉器

＊豬脖肉容易買到嗎？是的。若沒買到，也可以用肥一點的五花肉取代。

＊＊烹煮建議：我喜歡肉醬上方略焦的豐富口感。

紅蔥頭去皮切薄片和五花肉丁炒5分鐘。將煙燻鴨胸切絲。羅勒切細。將鴨肉和豬脖子肉絞碎，杜松子壓碎。混合所有材料，調味，放入肉凍陶罐中，將月桂葉和迷迭香放在最上方，不必加蓋，隔水以160℃烤**1.5小時。冷藏24小時後享用。

19 june

傳統千層麵
6人份

準備時間30分鐘
烹調時間30分鐘

400g 牛絞肉
6 顆番茄
3 顆洋蔥
3 瓣大蒜
1 湯匙濃縮番茄糊
1 湯匙普羅旺斯綜合香料
200g 千層麵皮
50g 奶油
50g 麵粉
80cℓ 牛奶
1 把肉豆蔻
300g 葛瑞爾（Gruyère）乳酪絲
4 湯匙橄欖油
鹽及胡椒

蒜瓣、洋蔥去皮切薄片。番茄切丁。以橄欖油爆香大蒜、洋蔥5分鐘，加入絞肉煮10分鐘，再加入番茄丁、普羅旺斯香料、番茄糊，以小火煮15分鐘，調味。在另一個燉鍋中融化奶油，加入麵粉拌煮3分鐘，加入牛奶邊攪拌邊滾煮5分鐘，加入肉豆蔻，調味。在烤盤上層層鋪上白醬、肉醬、乳酪絲和千層麵皮。最上層鋪上白醬*和乳酪絲。以180℃烤30分鐘。

＊為什麼最上層鋪的是白醬和乳酪絲？麵皮如果鋪在最上層會烤焦。

20 june

迷迭香烤沙丁魚
6人份

準備時間20分鐘
燒烤時間20分鐘

36 尾沙丁魚
36 根迷迭香
橄欖油
鹽之花

* 怎麼插？將迷迭香最硬的莖往魚口的方向插，讓迷迭香的針葉留在魚肚裡。

清理沙丁魚，以水沖洗後擦乾。在每尾沙丁魚身上插1枝迷迭香*，以高溫燒烤。淋上少許橄欖油，以鹽之花調味。用手拿著吃，搭配南方腔，喝茴香酒。

21 june

番茄鮪魚
6人份

準備時間30分鐘
烹調時間15分鐘

6塊鮪魚厚片（長鰭鮪魚或黃鰭鮪魚，供應量充足的品種）
2 顆番茄
2 顆大頭蔥白
1 條紅蘿蔔
1 根檸檬草
1 把蝦夷蔥
1 茶匙芫荽籽
800g 嫩菠菜
橄欖油
鹽之花

番茄在沸水中泡30秒，去皮後，將果肉切成小丁。大頭蔥白、蝦夷蔥、檸檬草切細。紅蘿蔔削皮後切丁。芫荽籽壓碎，混合材料後淋上橄欖油。以橄欖油煎魚塊（注意不要煎熟），以鹽之花調味，淋上混合香料的橄欖油醬。嫩菠菜以橄欖油炒2分鐘，調味。立刻享用。

22 june

大黃紅果子泥
6人份

準備時間20分鐘
烹調時間10分鐘

600g 大黃
6 湯匙楓糖漿
200g 草莓
200g 覆盆子
1 顆檸檬榨汁
2 小包香草糖（◎編註：1 小包約 7.5g）

大黃削皮*，以少許水（蓋過一半材料即可）和楓糖漿煮10分鐘左右。以叉子攪拌均勻，放入冰箱冷藏。將草莓、覆盆子、檸檬汁打成果泥。在杯子裡鋪上一層大黃醬，一層紅果子醬。

* 大黃怎麼削皮？用刀子輕輕剝下外層的纖維。

瑪麗 & 雷昂

44歲，春捲

4 4歲的瑪麗·瓦許果臉上看不到皺紋，漂亮的瑪麗讓雷昂忍不住驕傲。

里昂想為瑪麗慶祝生日，想送上獨特、完美，還能為這一年留下美好回憶的禮物，這種禮物讓我們每年都想看到。鑽石「太超過」，手錶「家裡有好多個鐘了」，除草機「有何不可」，麵包機「她在減肥」，一幅各種繩節的圖表「她會暈船」……亞洲菜廚藝課程？這個禮物太好了，好比珍珠一樣，而且獨具特色。

第一堂課要介紹春捲，地點在「皇室筷子」餐廳。這天中午，瑪麗羞赧來到位於13區蘇瓦西大道的餐廳報到。

「大家好，先來點開胃飲料。」瑪麗立刻如魚得水似地放鬆下來（泡水洗澡這回事，容我們日後再提）。食材全放在她的面前，而她沒等杯裡的飲料變溫——杯裡還放了一顆莓果——便先一飲而盡。這是全心浸淫美食文化的最好方式。「拿起米紙……」氣味有了轉變，她彷彿來到了北京的菜市場，站在推擠的人群當中。「重來一次也沒關係……」瑪麗情緒激動，她像是在旅行。「好極了，很好，瑪麗，春捲，很好吃……」這是什麼狀況？是一閃而過的畫面，是新發現，是相遇。瑪麗進攻轉角的亞洲超市，推車滿載。她午也練晚也練，把「皇室筷子」搬進了瓦許果家。感謝你，雷昂。

23 june

春捲
6人份

準備時間30分鐘

春捲：
6張米紙
300g 生鮭魚
1 條小黃瓜
少許芝麻葉
200g 豆芽
100g 苜蓿
醬油
沾醬：
1 條紅蘿蔔
2 瓣大蒜
1 小條雀眼椒
6 根芫荽
3 湯匙魚露
3 湯匙醬油
3 湯匙檸檬汁
1 湯匙糖

備便一條乾淨的溼布＊。小黃瓜削皮後去心、去籽，切成長條。鮭魚切成粗條，塗上醬油。將米紙泡在熱水中，拿著邊端翻面，確認整張米紙都能泡到水。將米紙放在溼布上，擺上鮭魚、小黃瓜、豆芽和其他生蔬菜，捲起米紙，要捲緊＊＊。

醬汁：大蒜和辣椒切碎，紅蘿蔔切細絲，摘下芫荽葉。混合所有材料，當作春捲的沾醬。

＊ 為什麼要用溼布？
米紙才不會黏住。

＊＊ 怎麼保存春捲？
如果不立刻吃，要用保鮮膜分別捲起來。

「父親節在讚美詩聲中醒來最美好——但未免也太早了吧。
孩子是不是怕忘詞，才會在早晨 6 點朗誦？」

24 june

傳統蔬菜冷湯
6人份

準備時間30分鐘

6 顆番茄
2 條小黃瓜
3 顆大頭蔥白
1 把羅勒
20g 生薑
15cℓ 巴薩米克醋
15cℓ 橄欖油
鹽及胡椒

番茄在沸水中泡 30 秒，去皮後切成
6 塊，取掉籽。小黃瓜去皮，直剖成
4 長條，去心、去籽，將其中的一半
切成小丁。摘下羅勒葉，其中 2 片切
碎後和小黃瓜丁混合。大頭蔥白、生
薑切碎。將番茄丁、小黃瓜、羅勒、
醋和橄欖油打成泥，調味。加入生
薑和切薄的洋蔥＊。撒上羅勒小黃瓜
丁，淋上少許橄欖油後上桌＊＊享用。

＊生薑和洋蔥加進
去之後還要繼續打泥
嗎？不必。

＊＊怎麼享用？冰涼
最好吃。這道冷湯很
適合事先準備。

26 june

奶酪
6人份

準備時間10分鐘
放置2小時

80cℓ 液狀鮮奶油（乳脂 30% 以上）
4 片吉利丁
180g 糖或 3 湯匙蜂蜜（或楓糖漿或任何自
選糖漿）
1 支香草莢
100g 覆盆子
100g 藍莓
100g 草莓
2 顆檸檬
工具：
6 個小杯子

吉利丁片泡冷水 2 分鐘軟化。剖開
香草莢，刮出香草籽，拌入液狀鮮
奶油中。香草鮮奶油加糖煮沸，攪
拌均勻。加入吉利丁片打發。將材料
倒入杯子中，冷藏 2 小時後享用。
每種水果分開打成泥，每次加入半
顆檸檬汁。將果泥淋在奶酪上享用
＊。也可以依個人喜好製作不同口味
的奶酪（例如巧克力、綠茶、酒、果
泥）……動手做吧！

25 june

糖醋豬腩
6人份

準備時間20分鐘
烹調時間1小時15分鐘

1.2kg 豬腩肉
150g 番茄醬
3 湯匙醬油
3 湯匙米醋
3 湯匙橄欖油
1 湯匙坦都里香料
6 瓣大蒜
2 顆紅蔥頭

烤爐預熱至 160℃。將豬腩肉放入
平底大深鍋中煮 45 分鐘，不時撈掉
浮渣＊。拿出豬腩用水清洗。大蒜、
紅蔥頭去皮切薄片，和番茄醬、醬
油、米醋、橄欖油和坦都里香料混
合。將豬腩放在烤盤上，淋上醬汁，
放入烤爐烤 30 分鐘，不時反覆淋
醬。烤至骨肉分離即刻享用。

＊為什麼要撈掉浮
渣？這是為了要撈掉
凝結的血水，我們又
不是吸血鬼！

＊為什麼上桌前才淋
上果泥？太早淋，果
泥可能會乾掉，而且
看起來不美觀。

27 june

小章魚燉飯

6人份

準備時間15分鐘
烹調時間22分鐘

350g 阿柏里歐燉飯米
400g 處理乾淨的小章魚 *
1 顆紅椒
3 根綠蘆筍
50cℓ 蔬菜高湯
20cℓ 白葡萄酒
3 顆紅蔥頭
50g 帕瑪森乳酪
3 湯匙橄欖油
鹽及胡椒

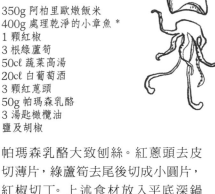

帕瑪森乳酪大致刨絲。紅蔥頭去皮切薄片，綠蘆筍去尾後切成小圓片，紅椒切丁。上述食材放入平底深鍋中以橄欖油拌炒，放入小章魚，加入米，炒到米粒呈半透明。淋入白酒和蔬菜高湯，以小火燉煮 20 分鐘，期間需不時攪拌。加入帕瑪森乳酪，再煮 2 分鐘。調味。

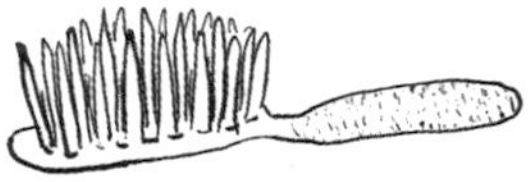

28 june

檸檬鮋魚

6 人份

準備時間10分鐘
烹調時間15分鐘

3 尾各 800g 的鮋魚
4 顆檸檬
3 顆洋蔥
20cℓ 橄欖油
鹽及胡椒

鮋魚去鱗，去內臟，清洗乾淨。洋蔥去皮，大致切碎。檸檬切薄片。將檸檬片、洋蔥蓋在鮋魚上，調味，淋入橄欖油。放入預先加熱至 200℃的烤爐中烤 15 分鐘後即可享用 *。

＊建議怎麼搭配？搭配檸檬口味的炒時蔬。

29 june

蒜炒花枝

6人份

準備時間20分鐘
烹調時間10分鐘

600g 厚片花枝身
4 顆紅蔥頭
6 瓣大蒜
1 把芫荽
1 茶匙咖哩粉
1 湯匙醬油
1 湯匙茴香酒
工具：
中式炒鍋

花枝切成薄片，每片外側切花 *，沾上咖哩粉。大蒜去皮切碎，摘下芫荽葉。以炒鍋爆香大蒜和切碎的紅蔥頭，炒至表面焦黃。加入花枝快炒 *，加入茴香酒，燒掉酒精，加入醬油和切碎的芫荽葉。

＊花枝為什麼要切花？吃起來才嫩。

＊＊為什麼要快炒？花枝炒太久會變硬變韌。

瑪麗 & 雷昂

瓦許果家的滾球丸子盛會

廚藝乏善可陳的瑪麗‧瓦許果嫁給老饕雷昂之初，大家都知道她的手藝不佳，賓客老覺得失望。

一天，雷昂為了向朋友證明瑪麗在廚房裡的表現沒有大家想像的糟，於是決定自己去採買食材。他買了塊上好的小羔羊腿肉，高高興興地回家，他心想：「再怎麼樣，這種好食材也不可能煮成饕客的夢魘！」瑪麗什麼話也沒說，帶著這塊寶藏走進廚房，幾個小時之後，不知該如何料理羊腿的瑪麗決定把肉切開，剁碎，拌進各種香料，著手準備肉丸子。里昂等不及看羊腿肉會怎麼上桌，探頭進廚房看。結果，天哪，他看到的是肉丸！瑪麗竟然把主日獻祭的羔羊做成了像滾球一樣的肉丸！沒想到這場廚藝大混亂帶來了連美食家都噴噴稱奇的美味佳餚。

就這樣，原來在廚房裡看似無能的瑪麗，因此寫下了自己的傳奇。

芫荽肉丸子

6人份

準備時間30分鐘
烹調時間30分鐘

500g 吃剩的羊腿肉
100g 吐司麵包
3 顆紅蔥頭
1 把芫荽
1 湯匙孜然
20cℓ 液狀鮮奶油
2 顆蛋
1/2 把蝦夷蔥
1 顆紅椒
1 顆青椒
2 顆番茄
1 杯白葡萄酒
鹽及胡椒

✱肉丸怎麼捏？手要洗兩次（一次不夠），以麵粉將手搓乾，用湯匙舀起一匙肉餡，放在手掌上捏出形狀。用沒洗的手迎客（這樣才好玩！）後，再去洗手。

紅蔥頭去皮切碎，摘下芫荽葉。將吃剩的羊腿肉和液狀鮮奶油、吐司麵包、芫荽和孜然打成肉泥。加入蛋、切碎的紅蔥頭和蝦夷蔥，調味。捏肉丸✱，放在烤盤上。青椒、紅椒和番茄切小丁，放在肉丸旁邊。淋入白酒。放進烤爐以160℃烤30分鐘。

July

時令蔬果

茄子
櫛瓜
各色番茄
小黃瓜
彩椒
芹菜
茴香
大頭蔥白
菠菜
蝦夷蔥
生菜
新鮮香料
芝麻菜
杏子
桃子
油桃
蘋果

魚貝蝦蟹

白梭吻鱸
鱸魚
牙鱈
鱈魚
各式礁岩魚類
紅鯔魚
梭子蟹
鯛魚
花枝
章魚
蝦子

肉類及肉製品

鴨胸肉
腰內肉
雞肉
義式醃豬五花肉捲

乳酪

莫札瑞拉水牛乳酪
瑞可達
新鮮山羊乳酪
帕瑪

精緻美食

千層麵皮

01 堤耶利	**02** 悠潔妮	**03** 湯瑪斯
蜂蜜鴨肉	蔬菜義大利麵	普羅旺斯燉菜
08 堤伯	**09** 賀爾蜜	**10** 歐瑞克
焗烤櫛瓜	梭子蟹濃湯	生鯛魚韃靼
15 唐納	**16** 卡爾梅	**17** 夏洛特
奶油水果杯	茄子醬	簡易泰式沙拉
22 瑪德蓮	**23** 布麗姬	**24** 克麗絲汀
番茄蘋果蔬菜冷湯	迷迭香烤雞	燉蔬菜佐羊乳酪
29 瑪莎	**30** 茱麗葉	**31** 伊格納斯
油桃蛋糕	五花肉捲烤兔肉	魚肉凍

04 伊麗莎白	**05** 安東妮	**06** 瑪莉亞特	**07** 雷夫
番茄沙拉	白酒桃子	番茄與水牛乳酪	白梭吻鱸佐櫛瓜
11 伯納	**12** 奧利維	**13** 亨利	**14** 卡密兒
舒舒烘蛋	綠色塔布勒沙拉	紅鏽蒜味海鮮	尼斯三明治
18 佛德列克	**19** 阿爾塞恩	**20** 瑪玲娜	**21** 維多
魚湯	酥炸紅鯔魚	菠菜乳酪千層麵	咖哩豬肉
25 賈各	**26** 安娜	**27** 娜妲麗	**28** 桑森
羅勒筆管麵沙拉	香料烤魚	傳統法式鹹派	彩椒大會串

01 02 03 04

01 july

蜂蜜鴨肉

6人份

準備時間15分鐘
浸漬時間24小時
烹調時間8分鐘

3塊鴨胸肉
3湯匙蜂蜜
1湯匙雅馬邑白蘭地（為龐龐準備的）
20cl 貴腐甜白酒（還是給龐龐的）
50g 榛果
50g 完整杏仁
1條茄子
6顆杏子和3顆桃子
鹽之花，研磨胡椒

前一晚，先將在鴨胸肉（鴨皮面）切花*，沾泡蜂蜜和兩種酒的混合，以保鮮膜包住冷藏。杏子對切，桃子直剖成塊，茄子切丁。鴨肉以鴨皮面朝下放入煎鍋，和茄子一起乾煎5到7分鐘。將鍋裡的鴨油倒掉，翻面再煎1分鐘。加入剩下的蜂蜜酒醬和其他食材，繼續煎2分鐘，調味。

＊為什麼鴨肉要切花？為了讓鴨肉浸到醬汁，更有味道。

02 july

蔬菜義大利麵*

6人份

準備時間10分鐘
烹調時間10分鐘

400g 義大利麵
4瓣大蒜
1把羅勒
300g 普羅旺斯燉菜
鹽之花

＊這道麵怎麼樣才可能搞砸？把一大把義大利麵塞在鍋子的溫水中，用小火煮30分鐘，你很可能煮出麵糊。

煮熟義大利麵，保持麵條彈牙。大蒜去皮切碎，羅勒切碎。以橄欖油起油鍋，爆香大蒜和羅勒，加入麵條，以鹽之花調味。加熱普羅旺斯燉菜，佐義大利麵一起上桌。

03 july

普羅旺斯燉菜，2種方式*

6人份

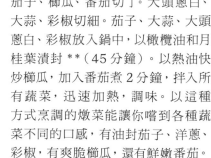

準備時間20分鐘
烹調時間1到3小時

3條茄子
3條櫛瓜
4顆番茄
6枝大頭蔥白
6瓣大蒜
2個紅椒
2個青椒
1片月桂葉
20cl 橄欖油
鹽及胡椒

方法1，分開煮：
茄子、櫛瓜、番茄切丁。大頭蔥白、大蒜、彩椒切細。茄子、大蒜、大頭蔥白、彩椒放入鍋中，以橄欖油和月桂葉漬封**（45分鐘）。以熱油快炒櫛瓜，加入番茄煮2分鐘，拌入所有蔬菜，迅速加熱，調味。以這種方式烹調的燉菜能讓你嚐到各種蔬菜不同的口感，有油封茄子、洋蔥、彩椒，有爽脆櫛瓜，還有鮮嫩番茄。

＊賀諾大師喜歡哪種方法？大師本人喜歡的是吃得出蔬菜不同口感的烹調方式，茄子要夠軟，櫛瓜要夠脆……

＊＊蔬菜要怎麼油封？先用大火，接著在烹調過程中慢慢減弱為小火。

方法2，「在一起在一起在一起……」：茄子、櫛瓜、番茄切丁。大頭蔥白、大蒜、彩椒切細。混合所有材料，加入月桂葉，調味。將所有蔬菜放在烤盤上，淋橄欖油，以160℃烤3小時，期間不時翻動蔬菜。用這個方式將所有蔬菜一起烤，材料沒經過油封，比較沒有嚼勁。

04 july

番茄沙拉

6人份

準備時間10分鐘

800g 番茄 *
橄欖油
巴薩米克醋
新鮮香料
鹽之花

＊不同品種的番茄？
番茄的品種起碼有上百種，重點在於選擇口感、顏色和味道不同的番茄，讓這盤沙拉更讓人難忘。例如味道香濃的馬爾芒德番茄，果肉厚實的牛心番茄，多汁的克里美黑番茄，略帶酸味的綠斑馬番茄⋯⋯

這是一道簡單卻不平凡的菜色。7月開始，我們就有經過陽光照射的鮮美蕃茄可以吃。這時也意識到了大自然的能耐。各位先生女士，只要選對時間，一定能嚐出蕃茄的美妙滋味。不同形狀、品種，顏色各異的蕃茄，加上少許橄欖油、巴沙米克醋、羅勒、蝦夷蔥等香草⋯⋯這會是一道令人喜悅又符合時令的開胃菜。

05 july

白酒桃子

6人份

準備時間20分鐘
烹調時間10分鐘

放置 24 小時
6 顆白桃
1 瓶麝香白葡萄酒
3 顆八角茴香
1 枝肉桂
2 顆綠檸檬榨汁
120g 糖

＊怎麼吃？淋上醬汁冰涼享用。

在桃子尾部劃開一小道切痕，放入滾水燙 30 秒，去皮。將桃子放在平底深鍋中，倒入白葡萄酒，加糖、檸檬汁、肉桂棒、八角茴香，煮沸後繼續滾煮 10 分鐘。放置在煮桃子的醬汁中冷藏 24 小時 *。

06 july

番茄與拉水牛乳酪

6人份

準備時間15分鐘
烹調時間3小時

6 顆莫札瑞拉水牛乳酪 *
6 顆綠斑馬番茄 **
6 顆克里美黑番茄
8 瓣大蒜
1 湯匙普羅旺斯綜合香料
鹽之花
4 湯匙橄欖油
1 把羅勒

＊莫札瑞拉水牛乳酪有什麼特別？莫札瑞拉是真正的水牛奶乳酪，奶香濃，口味好。

＊＊綠斑馬番茄和克里美黑番茄有什麼特色？除了酸度和顏色之外，還有特殊香味。

將番茄放在烤盤中。大蒜去皮切碎，撒在番茄上，淋入橄欖油、撒上鹽之花和普羅旺斯綜合香料，以 100℃烤 3 小時。將札瑞拉水牛乳酪放在深盤中，旁邊擺 2 個溫熱的番茄，淋上烤番茄時的湯汁和幾片羅勒葉。

07 july

白梭吻鱸佐櫛瓜

6人份

準備時間20分鐘
烹調時間10分鐘

6 尾白梭吻鱸
2 湯匙麵粉
3 條櫛瓜
少許芝麻菜
15cl 橄欖油
3 顆洋蔥
鹽及胡椒

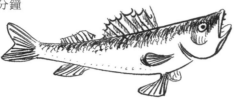

鱸魚處理乾淨。櫛瓜切條狀。洋蔥切薄。將鱸魚裹上一層麵粉，放入加了 3 湯匙橄欖油的煎鍋，每面各煎約 5 分鐘，調味。另起一個油鍋拌炒洋蔥 5 分鐘，加入櫛瓜後再拌炒 5 分鐘，放入芝麻菜 *，調味。

＊在烹調過程中直接放入芝麻菜嗎？小心！要先關火，芝麻菜遇熱會軟化。

08 july

焗烤櫛瓜

6人份

準備時間20分鐘
烹調時間15分鐘

1kg 櫛瓜（選嫩一點的）
3 顆洋蔥
1 把檸檬百里香
6 枝迷迭香
10cl 橄欖油
鹽之花，粗磨胡椒

將洋蔥 * 去皮切圈，櫛瓜切圓片，交叉直放進烤盤排緊 **。放入檸檬百里香和迷迭香。淋入橄欖油，以鹽之花和胡椒調味，以 150℃烤 15 分鐘（保持蔬菜的爽脆口感）。

＊為什麼要放這麼多洋蔥？因為洋蔥好吃！

＊＊ 這種排法真有趣？直著排，蔬菜上面會有焦香，底部仍然柔軟。

09 july

梭子蟹濃湯

6人份

準備時間15分鐘
烹調時間1小時45分鐘

2kg 梭子蟹
3 條紅蘿蔔
4 顆洋蔥
3 枝芹菜
1 束法國香草束
50g 生薑
1 湯匙番茄糊
30cl 液狀鮮奶油
10cl 干邑白蘭地
10cl 橄欖油
鹽及胡椒

梭子蟹洗乾淨。紅蘿蔔、生薑、洋蔥去皮切薄。芹菜切碎。以放了橄欖油的平底深鍋拌炒蔬菜，放進活的梭子蟹煮 5 分鐘（梭子蟹應該高興到變成紅色），倒入干邑白蘭地，燒去酒精。

用擀麵棍壓碎梭子蟹 *，加入 2ℓ 水、香草束、番茄糊，燉煮 1 小時 15 分鐘，以尖椎過濾器過濾濃湯，加入液狀鮮奶油後，再煮 30 分鐘。調味，上桌前再用手持攪拌棒 ** 打勻濃湯。

＊ 為什麼要用擀麵棍？可以壓出蟹肉，而蟹肉會為濃湯帶來香味。

＊＊ 已經用尖椎過濾器過濾濃湯了，為什麼上桌前還要在攪拌？用攪拌器可以乳化濃湯，而且讓質地更均勻。

10 july

生鯛魚韃靼

6人份

準備時間20分鐘

600g 鯛魚片
3 顆青蘋果
2 枝蝦夷蔥
2 顆檸檬榨汁
半茶匙磨碎的辣根
1 湯匙日本清酒
3 湯匙橄欖油
1 把新鮮香料 *
鹽及胡椒

鯛魚去皮 ** 去骨，切成丁之後，與辣根、清酒、橄欖油、切碎的蝦夷蔥和一半的檸檬汁混合，調味。蘋果切成火柴棒大小，和另一半檸檬汁混合。摘下香料的葉片，與橄欖油混合，調味。將蘋果棒鋪在慕斯圈最下層，接著鋪鯛魚丁，最後放上一小撮香料。

＊用哪些香料？例如羅勒、蒔蘿、龍蒿。

＊＊魚片有皮？如果去掉就沒有了。

11 july

舒舒*烘蛋

6人份

準備時間10分鐘
烹調時間10分鐘

300g 普羅旺斯燉菜
1 顆紅椒
1 顆青椒
1 大顆洋蔥
橄欖油
8 顆蛋
鹽及胡椒

洋蔥去皮切薄。彩椒切絲。用耐高溫的煎鍋，以橄欖油煎炒洋蔥和彩椒。敲開蛋，打勻蛋汁，調味後倒入鍋中煮 3 到 4 分鐘，接著再放在烤架上烤 7 到 8 分鐘即可享用。

＊舒舒是什麼意思？照字意解釋，是「喔我的天，你用昨天吃剩的燉菜做出來的蛋捲太好吃了，還好你沒把燉菜丟掉，幹得好！」

12 july

綠色塔布勒沙拉*

6人份

準備時間10分鐘
放置30分鐘

200g 粗粒杜蘭小麥粉
3 把扁葉巴西里
2 顆番茄
2 根大頭蔥白
4 顆檸檬榨汁
鹽及胡椒

將粗粒小麥粉與橄欖油 ** 混合，加入檸檬汁，冷藏 30 分鐘。將去皮的番茄果肉切丁，大頭蔥白和巴西里切細。混合所有材料，調味 ***。

＊為什麼綠色？因為綠色的巴西里份量不少。

＊＊粗粒小麥粉怎麼會熟？橄欖油和檸檬汁會泡熟小麥粉。

＊＊＊成品可以冷藏嗎？塔布勒沙拉可以放入冰箱冷藏，但要注意，檸檬汁可能會熟化巴西里葉。

july

綠色塔布勒沙拉

瑪麗 & 雷昂

唉呦，蒜，蒜，蒜⋯⋯

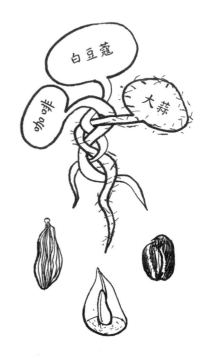

大蒜是烹調的好幫手，但同時也是嘴巴的敵人。大蒜像是進攻糖包的螞蟻大軍一樣堅決，你呼吸有蒜味，汗水有蒜味，這個味道附著在你的毛孔上。

我聽到你們說：「怎麼辦？」該怎麼做，才不至於為了享受舌尖的愉悅，卻讓自己變成活動式大蒜？

1. 找個和你一樣喜歡大蒜的朋友，你們的交談會⋯⋯會變成真正的馬賽傳說，我的天！

2. 別吃。但這讓人無法忍受。

3. 拿掉難消化的心，嚼顆咖啡豆或白豆蔻好抵銷蒜味。

4. 6小時閉嘴不說話，順便讓我們放假！

13 july — 紅鏽*蒜味海鮮
6人份

準備時間20分鐘
烹調時間1.5小時

1kg 花枝或章魚
800g 馬鈴薯
3 顆洋蔥
1 顆蛋
1 瓶白葡萄酒
1 湯匙芥末
20cℓ 橄欖油
15cℓ 葵花籽油
3 瓣大蒜
少許番紅花絲
鹽及胡椒

花枝切條。洋蔥去皮切薄。用平底深鍋以少許橄欖油爆香洋蔥，加入花枝，淋入白酒，加蓋以小火煮 1 小時後，掀該鍋蓋繼續煮至白酒的酒精揮發。馬鈴薯削皮切大丁，以沸水煮 15 分鐘。大蒜去皮切碎，與蛋黃、芥末混合，加入橄欖油和葵花籽油，打出美乃滋後再加入番紅花絲。將馬鈴薯加入燉鍋中的花枝，以大蒜美乃滋調味。再會吧，吸血鬼！

*為什麼這道菜叫作紅鏽（rouille）？這是卡馬格一帶的傳統菜色，名字來自紅鏽的顏色。

瑪麗 & 雷昂

喔，香榭大道

香榭大道是遊樂場，是腳凳，7月14日到了，這天對瓦許果一家人來說，是個神聖的日子。

他們前一天晚上就來到住巴黎的表哥家（喬治表哥成功了，他在巴黎上班！）。車子的行李箱裝得滿滿的：瑪麗蓮阿姨送的蛋，傑克叔叔的肉醬，費南德準備的肉餅，花園種的蔬菜，蒜香十足的香腸，這些快遞過來的美食一下就把冰箱塞滿了。他們把一籃櫛瓜推到陽臺角落，一箱茄子只能放在桌下，6公升堅果酒和去年沒喝完的4公升擺到了一起。聖誕老人住在鄉下，他大方歸大方，但似乎高估了巴黎公寓的大小。喬治表哥的公寓成了大型儲藏室，瑪麗和雷昂覺得有種回到家的親切感。他們拿出小刀，開了一罐鮪魚罐頭，加上洋蔥、番茄，把麵包切成兩半，這天，大家要吃麵包。背包準備好了，做好的尼斯三明治放在冰箱裡（就在肉餅下面，夾在大蒜香腸和雞蛋中間），我們可以邊讀南方地區報紙，睡個午覺。7月14日等著我們，而我們也準備好了。至於喬治表哥呢，他工作太多，而且他要去看電影，右手拿雙層起士漢堡，右手拿雙層巧克力雪糕……

還好，7月14日一年只有一次。

14 july 尼斯三明治
6人份

準備時間15分鐘

陽光
沙灘
防曬乳液
400g 鮪魚罐頭
6 顆白煮蛋
6 湯匙任選美乃滋
1 條小黃瓜
2 根大頭蔥白
幾顆不同的番茄
幾片萵苣
6 個做尼斯三明治的麵包 *
鹽及胡椒

剁碎鮪魚塊，和美乃滋混合，調味。蔬菜、白煮蛋切片。麵包橫剖，塗上厚厚的鮪魚醬，加上一點蔬菜、蛋、萵苣，塗上另一層鮪魚之後蓋上麵包。穿著泳衣享用，事先找好坐在你身邊的人，三明治裡的鮪魚會掉在他的肚臍上，互相開點無傷大雅的玩笑，喝點飲料（盡量別對著瓶口喝，因為突然發笑會破壞水的純淨度！）陽光很可能不懷好意，把好好的三明治曬成細菌的溫床，害你整個下午坐在馬桶上，所以在下水游泳前（為了清洗卡在肚臍眼的麵包屑，這是必須的，呃，沒錯，我只是和你開個無傷大雅的玩笑）先一口氣吃完整個三明治，午休一下就準備道晚安了。

＊尼斯三明治該用哪種麵包？大一點的牛奶麵包。

瑪麗 & 雷昂

奶油水果杯的傳奇

在諾曼地的神話當中，雷昂‧瓦許果在他的國度裡被視作鮮奶油之神，在他的婚禮上，新娘瑪麗打扮得像是純白的蛋白餅，而這場盛宴讓鄉間連續慶祝了3天3夜。為了讓天神雷昂的婚姻流芳百世，婚宴上也出現了一道最經典的鮮奶油蛋白餅甜點，同樣萬古流傳，而且又平易近人。

15 july

奶油水果杯
6人份

準備時間10分鐘

800g 新鮮水果
1 顆綠檸檬榨汁
30cl 液狀鮮奶油（乳脂 30% 以上）
100g 糖
3 個蛋白餅
水果利口酒 *
水果口味的雪酪

新鮮水果切丁，其中一半和檸檬汁、少許水果利口酒打成果泥。將蛋白餅壓碎，液狀鮮奶油加糖打發。在杯子裡依序放水果丁、果泥、蛋白餅、打發的鮮奶油，最後加上 1 球水果雪酪。

✽ 建議：用什麼水果，就搭配同一種水果的利口酒。

16 july
茄子醬
6人份

準備時間10分鐘
烹調時間20分鐘

6 條茄子
2 顆柳橙
1 顆檸檬
2 瓣大蒜
1 湯匙普羅旺斯綜合香料
橄欖油
鹽及胡椒

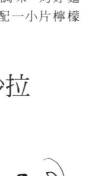

茄子剖半，在果肉面劃格紋 *。大蒜去皮切碎，檸檬和柳橙刨下皮絲後榨汁。將切碎的大蒜、普羅旺斯香料、柳橙和檸檬的皮絲撒在茄子切了格紋的果肉上，淋上一點橄欖油，放進烤爐以 160℃烤 30 分鐘。用湯匙挖下果肉，和柳橙汁、檸檬汁、4 湯匙橄欖油打成泥，調味。烤好麵包，塗上茄子醬，搭配一小片檸檬享用。

＊為什麼要在進烤箱之前先劃開果肉？爐烤時，茄子才會均勻受熱。

17 july
簡易泰式沙拉
6人份

準備時間30分鐘
烹調時間5分鐘

200g 鹵水蝦仁 *
200g 雞胸肉
300g 中式米線
1 枝芹菜
1 條鳥眼椒
2 根蝦夷蔥
2 條紅蘿蔔
2 瓣大蒜
3 湯匙魚露
3 湯匙葵花籽油
1 顆檸檬榨汁
1 湯匙糖

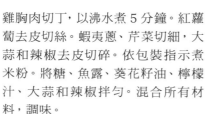

雞胸肉切丁，以沸水煮 5 分鐘。紅蘿蔔去皮切絲。蝦夷蔥、芹菜切細，大蒜和辣椒去皮切碎。依包裝指示煮米粉。將糖、魚露、葵花籽油、檸檬汁、大蒜和辣椒拌勻。混合所有材料，調味。

＊鹵水蝦仁：泡鹽水保存的蝦仁

18 july
魚湯
6人份

準備時間30分鐘
烹調時間1.5小時

湯：
2kg 各式礁岩魚類 *
6 瓣大蒜
3 顆洋蔥
1 湯匙番茄糊
20cℓ 白葡萄酒
5cℓ 茴香酒
500g 馬鈴薯
3 撮番紅花
橄欖油
紅鏽醬：
50g 熟馬鈴薯
1 顆蛋黃
1 茶匙第戎芥末醬
3 瓣大蒜
20cℓ 橄欖油
少許番紅花
工具：
缽杵

將所有的魚清理後洗淨。洋蔥、大蒜去皮切薄後，放入平底深鍋以橄欖油爆香，加入魚，加入茴香酒之後燒去酒精。淋入白酒。加入事先切丁的馬鈴薯、番茄糊、番紅花，再加入 2ℓ 水。煮 1 小時之後拿掉魚刺 **，再煮 30 分鐘後將所有材料打成泥，以尖椎過濾器過濾，調味。

＊礁岩魚是什麼魚？在礁岩周邊活動的小魚，味道很濃。

＊＊魚刺怎麼拿？魚煮熟之後，魚刺很容易拿下來，沒拿掉的部分也可以用過濾器濾掉。

紅鏽醬：
馬鈴薯、大蒜放進缽裡搗碎，加入蛋黃、芥末醬和番紅花，慢慢加入橄欖油攪勻醬汁，調味。

魚湯搭配紅鏽醬、撒上麵包丁和刨絲的葛瑞爾乳酪。

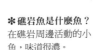

19 july

酥炸紅鯔魚

18尾紅鯔魚（小尾的）
2 湯匙普羅旺斯綜合香料
18 片油漬鯷魚
4 顆檸檬
3 顆洋蔥
20cl 橄欖油
鹽及胡椒

紅鯔魚處理乾淨，取下魚肝 *。將普羅旺斯香料、魚肝、鯷魚打勻，抹在魚腹內。洋蔥和檸檬切片。將橄欖油倒入鍋內，加熱，再放入洋蔥、檸檬片、紅鯔魚。紅鯔魚每面各煎 2 到 3 分鐘，放在紙巾上吸去多餘的油，調味。

* 怎麼分辨魚肝？橘紅色的魚肝很好認。

20 july

菠菜乳酪千層麵

6人份

準備時間20分鐘
烹調時間30分鐘

200g 千層麵皮
800g 新鮮菠菜
200g 瑞可達乳酪
3 顆洋蔥
80g 奶油
80g 麵粉
1ℓ 牛奶
少許肉豆蔻
橄欖油
鹽及胡椒
烤爐預熱至 180℃。

以平底深鍋先融化奶油，加入麵粉煮 5 分鐘，再加入冷牛奶 *，邊攪拌邊煮滾，加入肉豆蔻，調味。洋蔥去皮切薄，以橄欖油加熱軟化之後再放入新鮮菠菜，煮至水份完全蒸發再加入瑞可達乳酪，攪拌均勻。將千層麵皮鋪在烤盤上，再放上菠菜乳酪餡、白醬，重複幾次，最上面一層要是白醬。以 180℃ 烤 30 分鐘。

* 製作白醬時，為什麼要加入冷牛奶？熱麵粉和冷牛奶之間的交互作用，可以避免醬汁結塊。

21 july

咖哩豬肉

6人份

準備時間20分鐘
烹調時間30分鐘

2 塊豬腰內肉
6 顆杏子乾
3 條紅蘿蔔
50g 完整杏仁
6 顆棗子乾
50g 開心果
50g 白葡萄乾
6 顆紅蔥頭
1 把芫荽
1 茶匙咖哩
1 茶匙坦都里香料
20cl 白葡萄酒
10cl 液狀鮮奶油
葵花籽油
50g 奶油
鹽及胡椒

紅蘿蔔和紅蔥頭去皮，紅蘿蔔切成短棍狀，紅蔥頭對切。芫荽大致切碎。以油爆香紅蔥頭，加入蘿蔔、葡萄乾、杏子乾、杏仁、棗乾、開心果、咖哩、坦都里香料，淋入白酒煮 5 分鐘之後轉為小火，加入液狀鮮奶油，繼續煮 5 分鐘，調味。以奶油煎熟腰內肉表面 *。最後豬肉切片，放入咖哩醬汁內煮 5 分鐘。

* 怎麼煎焦腰內肉的表面？以奶油煎2到3分鐘，期間不時翻面，讓每個面都煎成金黃色。

22 july
番茄蘋果蔬菜冷湯
6人份

準備時間20分鐘

3 顆青蘋果
6 顆番茄
2 枝大頭蔥白
10cℓ 蘋果醋
10cℓ 橄欖油
1 顆檸檬榨汁
鹽及胡椒

將番茄在沸水中浸泡 30 秒，去皮。
2 顆蘋果去皮切丁。第 3 顆蘋果 *
切成火柴棒大小，拌入檸檬汁。大頭
蔥白切細。將番茄、蘋果丁打成泥，
加入蘋果醋、橄欖油、大頭蔥白，調
味。上桌時撒上蘋果火柴棒，淋上
少許橄欖油。

✳ 為什麼保留蘋果
皮？青蘋果皮很脆，
咬起來口感相當好。

23 july
迷迭香烤雞
6人份

準備時間15分鐘
烹調時間1小時

1 隻放養土雞 *
150g 乾掉的隔夜麵包
80g 薄鹽奶油
2 枝迷迭香
2 瓣大蒜
2 顆紅蔥頭
1 茶匙粗磨胡椒

✳ 為什麼要用放養土
雞？你可能會說，既
然不吃雞肺，我們
何必用放養雞……至
少我們這隻雞會去覓
食，吃些住在這片土
地上的昆蟲或其他生
物……但若要說「吃
昆蟲長大的雞」可能
不太好賣。

留下迷迭香的針葉。大蒜、紅蔥頭
去皮切碎。將奶油、麵包打勻，加入
所有配料。用加了配料的奶油麵包
泥塗抹雞身，放入烤箱以 160℃ 烤 1
小時。這時醬料外殼應該烤硬了，雞
肉依然鮮嫩，這種對比太好了！

24 july
普羅旺斯燉菜佐羊乳酪
6人份

準備時間15分鐘

200g 新鮮羊乳酪 *
400g 普羅旺斯燉菜
2 枝芹菜
10cℓ 橄欖油
1 顆紅蔥頭
1 把薄荷
6 枝蝦夷蔥
鹽及胡椒
工具：
6 個小杯

✳ 為什麼要用新鮮的
羊乳酪？羊乳酪的季
節從4月開始，延續整
個夏天。

紅蔥頭去皮切碎。薄荷和蝦夷蔥切
碎。用叉子攪拌羊乳酪和紅蔥頭、
薄荷、蝦夷蔥，加入橄欖油，調味。
芹菜切成小棍棒狀。將普羅旺斯燉
菜鋪在杯底，加入調味過的羊乳酪，
最後插上芹菜棒。

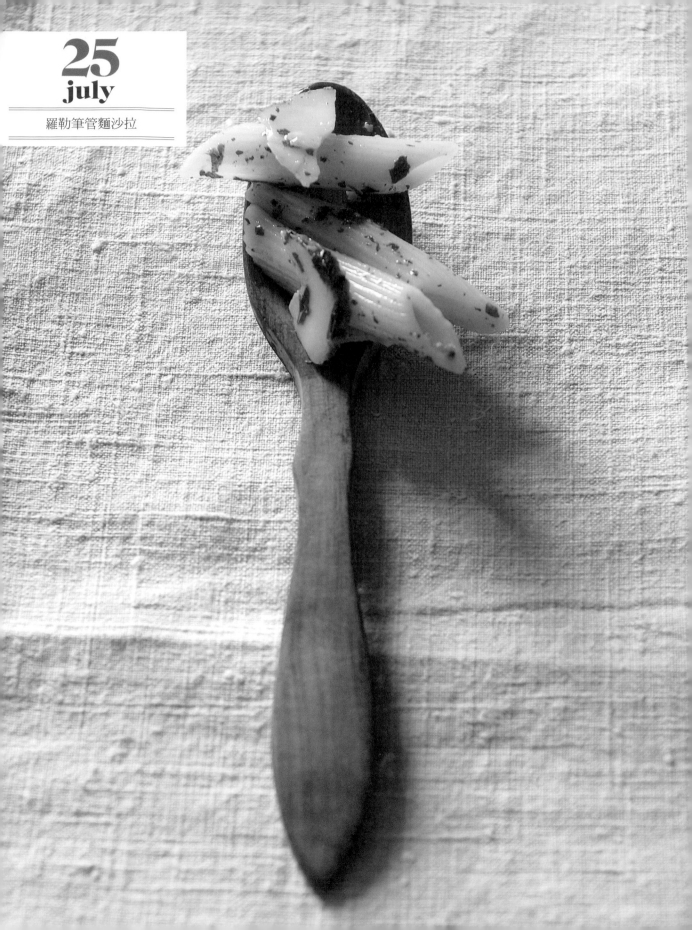

25 july

羅勒筆管麵沙拉
6人份

準備時間10分鐘
烹調時間10分鐘

400g 筆管麵
1 把羅勒
50g 帕瑪森乳酪
15cl 橄欖油
1 顆檸檬榨汁
1 顆紅蔥頭
鹽之花，胡椒

筆管麵放入加鹽沸水煮熟，取出後立刻過冰水。羅勒、檸檬汁、橄欖油打成醬，和巴薩米克醋拌入筆管麵，加入紅蔥頭末、削片的帕瑪森乳酪*，以鹽之花和胡椒調味。

＊ 帕瑪森乳酪怎麼削？最簡單的方法，是用削刀刨乳酪。

26 july

香料烤魚
6人份

準備時間15分鐘
放置24小時
烹調時間20分鐘

1 尾 1.5kg 魚（例如鱸魚）
1 把龍蒿
1 把羅勒
2 枝野生茴香（或蒔蘿）
3 根新鮮百里香
1 湯匙洋茴香籽
1 湯匙小茴香籽
2 湯匙茴香酒
橄欖油
粗鹽

摘下 10 片的龍蒿、羅勒、茴香葉，和 20cl 橄欖油打成醬。將洋茴香籽、小茴香籽、百里香、茴香酒填入魚腹，用保鮮膜包起冷藏 24 小時。起碳火，在魚身抹橄欖油，兩面各烤 7 到 8 分鐘*。佐粗鹽、醬汁享用。

＊怎麼樣才不會烤破魚皮？魚皮要烤得夠熟才不會黏在烤網上，也才比較好翻面，不至於弄碎魚肉。

27 july

傳統法式鹹派
6人份

準備時間20分鐘
烹調時間30分鐘

1 片塔皮
200g 切片火腿
20cl 牛奶
20cl 液狀鮮奶油
3 顆蛋
150g 葛瑞爾乳酪絲
鹽及胡椒
烤爐預熱至 180℃。

將塔皮鋪在模子上，模子下墊好烤紙。將蛋、牛奶和液狀鮮奶油打發，調味。火腿片切丁後撒在塔皮上，淋入蛋奶醬汁，撒上葛瑞爾乳酪絲，以 180℃ 烤 30 分鐘。

＊這道傳統鹹派還能加上什麼材料？果乾、其他乳酪、新鮮香料……

28 july

彩椒大會串*

6人份

準備時間30分鐘
烹調時間30分鐘

1kg 彩椒（挑不同的顏色和品種）
6 顆洋蔥
4 瓣大蒜
10cℓ 橄欖油
1 湯匙紅砂糖
鹽及胡椒

＊最簡單的作法，是將整顆彩椒放入烤箱中以200℃烤焦表面（10分鐘），放在塑膠袋裡，彩椒的表皮就會自然脫落。

洋蔥、大蒜去皮切薄，以橄欖油爆香。彩椒去皮＊去籽，切細。將彩椒絲加入炒洋蔥和大蒜的鍋中一起拌炒 10 分鐘，調味。

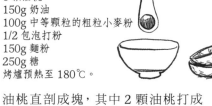

29 july

油桃蛋糕

6人份

準備時間20分鐘
烹調時間30分鐘

6 顆油桃
150g 奶油
100g 中等顆粒的粗粒小麥粉
1/2 包泡打粉
150g 麵粉
250g 糖
烤爐預熱至 180℃。

油桃直剖成塊，其中 2 顆油桃打成果泥。將蛋加糖打發，加入預融的奶油、油桃果泥、麵粉、粗粒小麥粉、泡打粉。將油桃塊放在烤盤上，倒入奶油果泥麵糊，以 180℃烤 30 分鐘左右。

＊怎麼享用？放涼了最好吃。

30 july

五花肉捲烤兔肉

6人份

準備時間10分鐘
烹調時間45分鐘

1 隻兔肉
6 片義式醃豬五花肉
6 顆紅蔥頭
1 整顆蒜球
1 湯匙綜合胡椒粒
2 枝迷迭香
1 湯匙普羅旺斯香料
1 湯匙小茴香籽
1 杯略甜的白葡萄酒（例如麝香白酒）
橄欖油
鹽

用煎鍋＊烤胡椒，壓碎胡椒粒。兔肉切塊。用烤盤以橄欖油拌炒兔肉，加入香料、帶皮的紅蔥頭、對切的蒜球，撒上胡椒、普羅旺斯香料、小茴香籽，放入烤爐以 180℃烤 30 分鐘。拿出烤盤，將切片的義式醃五花肉放在兔肉上，再以 150℃烤 15 分鐘＊＊。拿出烤盤後，以白酒收湯，再加入 50g 奶油，以叉子將所有肉渣拌在一起，調味。

＊胡椒為什麼要先烤過？可以帶出胡椒的香味。

＊＊每次放烤盤進烤箱之前，都要預熱。

瑪麗 & 雷昂

下午4點，在市政廳廣場有肉凍大賽

7月31日有場肉凍大賽，地點是城裡的廣場，負責評審的是專業廚師，獲獎的肉凍將會登上美食雜誌的首頁，優勝者還會贏得1張20歐元購物支票，可以在城裡的商店使用。

對廚藝乏善可陳但嫁給老饕雷昂的瑪麗而言，一切就是從這裡開始。藉由這場比賽，她可以向所有的美食愛好者證明：她的名聲不是來自傳聞，而是有美味的事實根據。她以白肉魚為基本材料，以雞蛋來黏著，鮮奶油因為好吃所以也要放……然後呢？雷昂建議放點鰻魚——有何不可；凱文表示可以加點薑——啊，青春期的孩子；喬治表哥提了劍葉橙，他說：「泰國料理常用到這種青檸檬，巴黎現在正流行。」瑪麗蓮和費南德屬意茴香酒——其實這只是藉口，因為他們想拿出茴香酒來喝一杯。沒關係，瑪麗要做的肉凍本來就是家族的事，所以要反應出家人的選擇，於是她開始打材料、放入模子，把肉凍帶到裁判的面前……

經過熱烈的討論，大獎得主是……啊，真是太懸疑了……珍妮佛·普蘭姆（正好是市長夫人）以鄉村肉凍拿到第一名。瓦許果全家都大失所望，下一次，他們一定要邀請外界人士來參與評審，這次的比賽不太公平。那天晚上，所有參賽的肉凍全拿來當作晚宴的開胃菜，瑪麗做的魚肉凍造成了轟動，所有的人都認為這場比賽簡直是醜聞，結果20歐元的支票當場轉手。

這就是原本在廚房裡毫無用武之地的瑪麗如何寫下歷史的緣由。

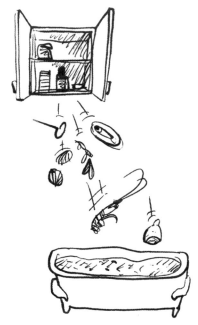

31 july

魚肉凍
6人份

準備時間20分鐘
烹調時間1小時

600g 白肉魚（例如牙鱈、鱈魚）
4 顆蛋
20cℓ 液狀鮮奶油
鹽及胡椒

以下的材料由你自己決定

✱ 還是提供幾個建議吧？ 可以加新鮮香料、柑橘類水果、蝦蟹貝類、蔬菜、其他香料……或是從櫥櫃深處找出來的、冰箱裡剩下的的食材，沒什麼不可以的。

魚肉、蛋、液狀鮮奶油打成泥，調味。將魚肉醬倒入模子裡，隔水以160℃煮1小時。接下來好戲要上場了……你想在你做的肉凍裡加什麼材料？什麼都可以，什麼都不奇怪，只要能掌握基本材料，你就能掌握整條肉凍。

August

時令蔬果
茄子、彩椒
櫛瓜
四季豆
櫻桃蘿蔔
番茄、小黃瓜
花椰菜
芹菜
大頭蔥白
蘆筍
蠶豆
茴香
萵苣
芝麻菜
甜菜芽
新鮮香料
杏子
紫皮無花果
紅醋栗

魚貝蝦蟹
鯛魚、小比目魚
明蝦
鱈魚
田雞腿
竹蟶、章魚
鳥蛤、淡菜
狗蛤、蛤蜊
熟風螺
蜘蛛蟹、黃道蟹
油漬沙丁魚
油漬鯷魚

肉類及肉製品
烤牛肉
羊腿肉
莫爾托香腸
烤熟的小牛肉
牛肩胛
義式醃豬五花肉捲
小鴨肉

乳酪
帕瑪
莫札瑞拉

精緻美食
千層麵皮

01 亞豐斯	**02** 朱立安	**03** 麗蒂
牛肉佐帕瑪森火腿	咖哩明蝦	櫛瓜鑲肉
08 多明尼克	**09** 班奈黛克	**10** 蘿兒
蜘蛛蟹濃湯	芝麻菜鹹派	烤杏子
15 瑪麗	**16** 愛梅兒	**17** 雅克馨
香料鯛魚	黃道蟹抹醬	芝麻明蝦串
22 法布利斯	**23** 蘿絲	**24** 巴特勒米
山蘿蔔生鮭魚片	奶油煎小比目魚	綜合貝殼燉鍋
29 莎賓	**30** 菲雅克	**31** 亞歷斯泰德
小鴨肉佐大黃	溫章魚	田雞腿

04
維安奈

辣味牛肉

05
愛寶

無花果酥塔

06
瑪蓮

蒜香美乃滋

07
蓋東

羅勒羊肉串燒

11
克蕾兒

炸甜甜球

12
克拉麗絲

生菜沾醬

13
西波利特

尼斯沙拉

14
愛佛華

魚肉抹醬

18
海倫

莫札瑞拉乳酪塔

19
歐德

番茄醬

20
伯納

香料番茄乾

21
歐柏琳

油漬番茄筆管麵

25
路易

香料千層麵

26
賽思兒

簡易雪酪

27
莫妮克

義式醃五花肉烤雞

28
奧古斯登

千層派

01 02 03 04

01 aug

牛肉佐帕瑪森火腿
6人份

準備時間45分鐘
烹調時間5分鐘

600g 烤牛肉
200g 洋菇
100g 帕瑪森乳酪
50g 松子
50g 奶油
2 湯匙松露油 *
1 湯匙葵花籽油
2 湯匙橄欖油
芝麻菜
鹽之花，粗磨胡椒

以奶油和葵花籽油迅速煎牛肉，注意不要將內部煎熟。將牛肉放進冰箱冷藏 30 分鐘。洋菇切片，帕瑪森乳酪刨片。牛肉切薄片鋪在盤子上，淋上松露油，撒上洋菇片、帕瑪森片和松子。芝麻菜和橄欖油混合，蓋在生牛肉片上，最後撒鹽及胡椒。

✽松露油怎麼做？將1顆或多顆松露泡在橄欖油裡泡1星期後才能用，橄欖油太少時可以再補。

02 aug

咖哩明蝦
6人份

準備時間20分鐘
烹調時間20分鐘

18 尾明蝦
1 條茄子
1 顆紅椒
1 條鳥眼椒
50g 生薑
4 顆紅蔥頭
4 瓣大蒜
1 根檸檬草
1 杯白葡萄酒
1 茶匙坦都里香料 *
1 茶匙咖哩
20cℓ 椰奶
10cℓ 橄欖油
6 枝芫荽
鹽

✽坦都里香料中有哪些組合？印度料理中常會用到這種黃褐色、帶著微妙香氣的香料，裡頭通常會有辣椒、紅椒粉、大蒜、百里香、芫荽、孜然、胡椒、芹菜、迷迭香、丁香、月桂葉、肉桂和鹽。

大蒜、生薑、紅蔥頭去皮切薄。茄子切塊，紅椒切丁。檸檬草、鳥眼椒切細。明蝦剝殼。以橄欖油拌炒所有香料和蔬菜 10 分鐘。加入明蝦再煮 5 分鐘，淋上白酒加蓋煮 5 分鐘。以鹽調味，加入椰奶和切碎的芫荽。

03 aug

櫛瓜鑲肉
6人份

準備時間30分鐘
烹調時間20分鐘

6 條小櫛瓜
400g 吃剩的烤熟小牛肉
50g 生薑
4 瓣大蒜
3 顆紅蔥頭
1 把羅勒
20cℓ 液狀鮮奶油
1 茶匙 4 種綜合香料
30cℓ 蔬菜高湯
4 湯匙橄欖油
鹽及胡椒
工具：
挖水果球的湯匙，或蘋果挖核刀

櫛瓜切成 3 段，切下兩端。用挖球湯匙挖空櫛瓜。大蒜、生薑和紅蔥頭去皮切薄。將烤爐預熱至 160℃。在煎鍋裡放入橄欖油，拌炒挖出來的櫛瓜肉。烤小牛肉和羅勒打成肉泥，加入拌炒過的櫛瓜、香料、液狀鮮奶油，調味。將混合肉泥填入櫛瓜皮當中，以切下來的頂端當作蓋子。將櫛瓜放在烤盤上，淋入蔬菜高湯 *，放入烤爐中烤 20 分鐘。

✽為什麼要加高湯？讓鑲了肉的櫛瓜保持水份和柔軟度。

04 aug

辣味牛肉
6人份

準備時間30分鐘
浸漬時間24小時
烹調時間5分鐘（燒烤）

800g 牛肩胛肉 *
6 顆紅蔥頭
6 瓣大蒜
3 條鳥眼椒
2 顆檸檬榨汁
2 根檸檬草
1 杯白葡萄酒
1 湯匙蜂蜜
1 湯匙紅椒粉
20cℓ 橄欖油
1 湯匙粗磨胡椒
鹽及胡椒

＊牛肩胛骨肉的肉質很硬，因此得切成薄片，再浸泡24小時。

＊＊切鳥眼椒要小心，這種辣椒很辣。切完要把手徹底洗乾淨，否則揉到眼睛就慘了。

紅蔥頭、大蒜去皮切薄，檸檬草和辣椒剁碎 **，全拌入橄欖油中。牛肉切薄片，放在深盤裡，鋪一層肉就淋一層橄欖油醬。放入冰箱冷藏 24 小時。用烤肉架烤牛肉，如果有需要可以再加調味橄欖油醬。

06 aug

蒜香美乃滋
6人份

準備時間30分鐘
烹調時間20分鐘

2 塊鱈魚 *
400g 熟風螺 **
6 顆馬鈴薯（夏洛特品種）
12 條小紅蘿蔔
3 條櫛瓜
1 把櫻桃蘿蔔
1 條小黃瓜
1 顆花椰菜
6 根大頭蔥白
6 顆白煮蛋
2 顆蛋
2 瓣大蒜
1 湯匙葡萄酒醋
1 湯匙芥末
20cℓ + 10cℓ 橄欖油
少許番紅花
鹽及胡椒
鹽之花
工具：
電蒸籠

馬鈴薯、小紅蘿蔔削皮。櫛瓜和小黃瓜切長條。花椰菜切成小枝，刷洗櫻桃蘿蔔外皮，大頭蔥白剖成 4 根。小紅蘿蔔、馬鈴薯以沸水煮 10 分鐘，大頭蔥白以沸水煮 3 分鐘。將鱈魚塊放入蒸籠，旁邊擺煮過的小紅蘿蔔、馬鈴薯和大頭蔥白、櫛瓜，蒸 10 分鐘。大蒜去皮切碎，與蛋、芥末、醋、番紅花拌勻，加入 20cℓ 橄欖油，打成泥，調味。蒜香美乃滋搭配蒸熟的鱈魚、熟風螺、白煮蛋一起上桌。以少許橄欖油、鹽之花調味。

05 aug

無花果酥塔
6人份

準備時間10分鐘
烹調時間30分鐘

200g 千層派皮
6 顆紫皮無花果
100g 烘焙用杏仁粉
1 湯匙紅醋栗果凍
80g 奶油
80g 糖
30g 紅砂糖
50g 杏仁片
1 顆蛋
工具：
圈模、慕斯圈或活底蛋糕模

＊為什麼要用圈模或活底蛋糕模？脫膜更容易。

烤爐預熱 160℃。將紅糖撒在烤紙上，再蓋上派皮，將派皮連同烤紙一同放進圈模 *。融化奶油，和蛋、糖、杏仁粉、紅醋栗果凍混合後倒入圈模。放上對切的無花果和杏仁片。爐烤 30 分鐘。如果想讓塔更有光澤，可以再放上一點紅醋栗果凍。

＊用的是鱈魚，不是青鱈？青鱈有鹹味，我比較喜歡用青鱈，最後再調味。

＊＊熟風螺找誰買？魚販。

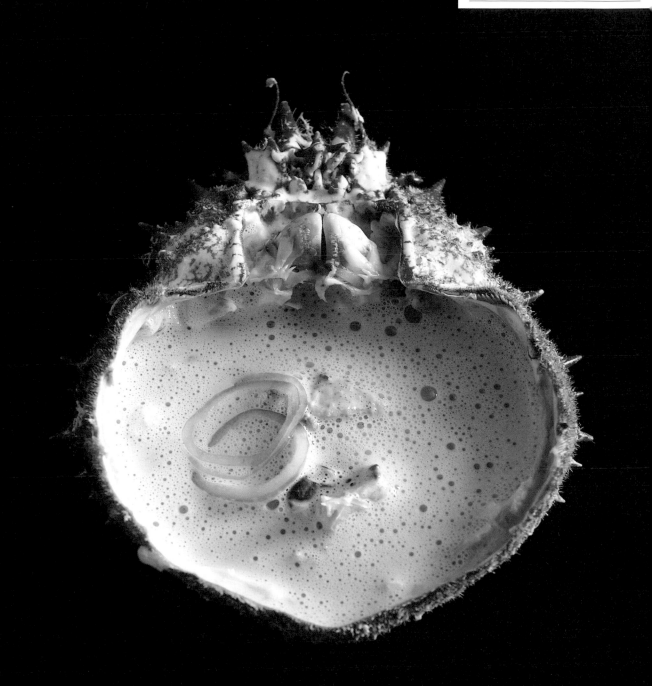

07 aug

羅勒羊肉串燒
6人份

準備時間30分鐘
放置1小時
烹調時間10分鐘（燒烤）

1kg 羊腿肉
1 把羅勒
2 湯匙橄欖油
2 個蛋白
150g 乾掉的隔夜麵包
2 顆紅蔥頭
鹽及胡椒

羊腿肉切成 50g 的肉塊。摘下羅勒葉。紅蔥頭去皮大致切碎，和乾麵包、蛋白、橄欖油和摘葉後剩下的羅勒一起打勻，調味。間隔串起羊肉和羅勒葉後，沾上羅勒麵包醬，壓緊沾料。燒烤前先冷藏 1 小時。以溫和的碳火 *，每面碳烤 5 分鐘，或放入烤爐以 160℃ 烤 10 分鐘。

✽ 溫和的碳火是什麼意思？碳火不能太旺，可以溫和不猛烈而且帶著愛意烤熟羊肉。

08 aug

蜘蛛蟹濃湯
6人份

準備時間1小時
烹調時間45分鐘

6 隻蜘蛛蟹
2 顆馬鈴薯
2 條紅蘿蔔
2 顆熟番茄
2 顆紅蔥頭
1 杯白葡萄酒
20cl 液狀鮮奶油
1 湯匙番茄糊
3 湯匙橄欖油
鹽及胡椒

將蜘蛛蟹放入鍋裡，以足量的水煮 15 分鐘。煮熟後去殼 *（這得花一點時間）。留下 1/4 蟹肉，將殼洗乾淨 **。我們等一下正好可以拿蟹殼盛濃湯，布列塔尼亞，你帶給我們多少歡樂啊！馬鈴薯、紅蘿蔔去皮切丁。紅蔥頭去皮切薄。以橄欖油拌炒 3/4 紅蔥頭、紅蘿蔔和馬鈴薯，淋上白酒。加入 3/4 蟹肉、番茄丁、番茄糊煮 20 分鐘。加入液狀鮮奶油，打勻，調味。將濃湯倒入蟹殼，「哇，太漂亮了！」，加入預先留下來的 1/4 蟹肉和少許 1/4 紅蔥頭圈，「真是漂亮得不得了！」。

✽ 怎麼去殼？用剔蟹肉的叉子挖出蟹腳的肉，挖出蟹殼內的蟹黃。

✽✽ 洗蟹殼：以清水清洗就可以。

09 aug

芝麻菜鹹派
6人份

準備時間20分鐘
烹調時間30分鐘

1 片千層塔皮
1 條莫爾托香腸
3 片義式醃豬五花
4 顆紅蔥頭
30cl 牛奶
3 顆蛋
少許芝麻菜
少許甜菜芽
橄欖油
鹽及胡椒

熟沙拉

生沙拉

紅蔥頭去皮後對切。莫爾托香腸切 5mm 薄片，醃五花肉切 4 小塊。以橄欖油拌炒紅蔥頭、香腸片、醃五花肉約 7 分鐘，放涼。蛋加牛奶打發。派皮放在適當的模子上，將炒過的食材鋪在底層，淋入蛋奶醬，放入烤爐以 180℃ 烤 30 分鐘。芝麻菜、甜菜芽加橄欖油、鹽拌勻調味。鹹派上桌前 * 再放上芝麻菜沙拉。

✽ 為什麼？否則沙拉煮熟就不好吃了。

10 aug

烤杏子
6人份

準備時間10分鐘
烹調時間10分鐘（燒烤）

18 顆熟杏子
120g 奶油
6 湯匙花蜜
6 根檸檬百里香

以鋁箔紙摺出 6 個鋁箔包。杏子對切，去核。將 18 顆杏子分配放入 6 個鋁箔包中，在每個鋁箔包裡放 20g 奶油，1 湯匙花蜜，1 根檸檬百里香。將封好的鋁箔包放入烤架 *（或放入 180℃的烤爐中）烤 10 分鐘。以鋁箔包直接上桌。

＊ 和碳烤馬鈴薯一樣，直接放在碳火中嗎？是的。

11 aug

炸甜甜球
6人份

準備時間10分鐘
放置1.5小時
烹調時間4分鐘

250g 麵粉
10cℓ 全脂牛奶
2 湯匙橙花水
50g + 50g 糖
1 顆蛋
1 小包泡打粉
炸甜甜球用的油

牛奶加溫後加入泡打粉混合，放置 5 分鐘。在麵粉中加入牛奶、橙花水、50g 糖、雞蛋，揉 *5 分鐘。將麵糰在室溫放置 45 分鐘後再揉一次，擀開 **，用餅乾印模（或抹了麵粉的杯子）壓出甜甜球的形狀。將甜甜球放在烤紙上，蓋上布，發酵 45 分鐘 ***。放入炸鍋，以 180℃ 熱油每面炸 2 分鐘。放置在吸油紙巾上，撒糖粉。

＊怎麼揉？可以用手揉，但是揉麵機也很好用！

＊＊麵糰要擀多厚？大概1cm就可以。

＊＊＊會膨脹到多大？大概原來的2倍大。

12 aug

生菜沾醬*
6人份

準備時間30分鐘

2 條黃櫛瓜
1 顆紅椒
1 顆青椒
1 顆黃椒
1 條小黃瓜
1 顆花椰菜
3 條紅蘿蔔
1 把櫻桃蘿蔔
2 顆萵苣心
將所有蔬菜切成長條狀、圓片、花狀……

白乳酪蝦夷蔥沾醬
150g 白乳酪
1 枝大頭蔥白
1 把蝦夷蔥
15cℓ 橄欖油
鹽及胡椒
大頭蔥白切細，蝦夷蔥切碎。所有材料攪拌均勻，調味。

大蒜橄欖沾醬
100g 希臘式去核黑橄欖
1 瓣大蒜
15cℓ 橄欖油
將所有材料打勻。

鯷魚沾醬
100g 油漬鯷魚
1 顆白煮蛋
15cℓ 橄欖油
2 湯匙水
1 茶匙干邑白蘭地
將所有材料打勻。

＊所有的蔬菜都可以生吃，真的嗎？真的沒騙你。

13 aug 尼斯沙拉*

6人份

準備時間20分鐘
烹調時間20分鐘

300g 嫩四季豆
6 顆蛋
18 片油漬鯷魚
1 條小黃瓜
15cl 橄欖油
1 湯匙巴薩米克醋
2 枝大頭蔥白
6 顆番茄
鹽及胡椒

四季豆去頭尾，放入加鹽沸水中煮10 分鐘，取出後立刻過冰水。小心將蛋放入沸水中，小火滾煮 10 分鐘，過冰水之後去殼。小黃瓜去皮切短條，大頭蔥白切細，番茄直剖成塊。拌勻橄欖油和巴薩米克醋。將所有材料拌勻，以橄欖油醋調味。

＊為什麼有些人會在尼斯沙拉中放米？這道沙拉也可以加米或馬鈴薯，有了更多的澱粉質，可以直接當主菜。

14 aug 魚肉抹醬

6人份

準備時間10分鐘

300g 罐頭鮪魚或油漬沙丁魚
1 顆紅洋蔥
1 顆綠檸檬
3 湯匙美乃滋
1 把蝦夷蔥
幾片新鮮香料的葉片
橄欖油
麵包皮

你們已經和瓦許果一家人成了好朋友。前一天晚上，在露營區認識的的鄰居瑪麗和雷昂邀你們去喝杯開胃酒，準備了魚肉抹醬、各式香腸，希臘式塔拉瑪魚卵抹醬，真是太幸福了。現在輪到你們回請，假期即將結束，茴香開胃酒快喝完了，露營車前的草地看起來像是溫布敦網球賽決賽場地，就挑今晚吧。這點子真妙，8 月 15 日傍晚 5 點送出邀請，你們的新朋友開心接受，但問題是商店打烊了，窗簾拉下，店門也都關上。你們趕緊檢查露營車的食物櫃裡還有什麼存貨……現在你們正用叉子壓碎罐裝鮪魚，加點美乃滋、一點切碎的洋蔥、綠檸檬、切碎的新鮮香料葉＊，淋入 2 湯匙橄欖油，少許麵包硬皮，就等瓦許果一家人上門了！派你們的小兒子到營區酒吧去要些冰塊，一會兒之後可以放到杯子裡叮噹作響，把最後一秒的開胃餐點變成晚宴……如果你們正好在阿德格角的天體營區，說不定會更精采。

＊哪種香料？例如羅勒、龍蒿、薄荷……

15 aug 香料鯛魚

6人份

準備時間5分鐘
烹調時間10分鐘

2 尾各 1kg 的鯛魚
4 枝芹菜
1 茶匙黑胡椒 ＊
1 茶匙四川花椒 ＊
1 茶匙杜松子
6 顆八角
10cl 橄欖油
鹽
工具：
缽杵

鯛魚刮去鱗片，清理乾淨。芹菜切細，留下幾片芹菜葉。以煎鍋乾炒胡椒、花椒、杜松子和八角。以缽杵搗碎 1/2 炒過的香料，和切細的芹菜一起填入魚腹。將鯛魚放在烤盤上，淋上橄欖油和另外 1/2 未搗碎的香料。放入預熱的烤箱，以 200℃烤 10 分鐘。以鹽調味＊。

＊黑胡椒和四川花椒有什麼特色？四川花椒帶來鮮味，黑胡椒強勁。

＊＊搭配什麼上桌？佐頂級橄欖油的新鮮綜合沙拉。

17 aug

芝麻明蝦串

6人份

準備時間30分鐘
烹調時間5分鐘

24 尾大明蝦 *
1 湯匙蜂蜜
2 顆綠檸檬
1 茶匙番茄醬
50g 芝麻
工具：
刷子

＊明蝦該怎麼挑？選好一點的明蝦，不要那種魚販在八月天放在水裡泡了一整天的1cm小蝦仁。我們要的是紮實有咬勁的肉體……暫時不管靈魂了！

＊＊好的，可是要留下蝦尾巴嗎？尾巴是最真實的部分。

綠檸檬刨絲後榨汁。檸檬汁、番茄醬、蜂蜜拌勻。明蝦去殼 **，摘下蝦頭省得還要聊天。串起明蝦，以刷子刷上檸檬番茄蜜，撒上芝麻。以烤架或烤箱 5 分鐘。佐以剩下的檸檬番茄蜜和檸檬皮絲。

16 aug

黃道蟹抹醬

6人份

準備時間45分鐘
烹調時間20分鐘

2 隻飽滿的黃道蟹
2 湯匙美乃滋
1 顆檸檬的皮絲
3 根綠蘆筍
150g 去筴蠶豆
2 根蝦夷蔥
1 條土司麵包
鹽及胡椒

將黃道蟹放入沸水中煮 20 分鐘 *。去殼 **，取下所有蟹肉和蟹黃。將蟹肉、蟹黃和美乃滋、檸檬皮絲混合，調味。蠶豆煮沸後剝去薄皮。綠蘆筍和蝦夷蔥切細。土司切片，以 200℃烤 3 分鐘，烤成金黃色。以黃道蟹醬當麵包的抹醬，擺上少許蘆筍、蠶豆和蝦夷蔥。

＊煮螃蟹：黃道蟹得活煮。螃蟹會以為自己在洗土耳其蒸氣浴，昏昏欲睡，等人來按摩，毫不起疑，脫了衣服在盤子上，沒想到自己會有這種落入食客肚子裡的結局。

＊＊黃道蟹怎麼去殼？和蜘蛛蟹一樣（參考8月8日的食譜）。

18 aug

莫札瑞拉乳酪塔

6人份

準備時間20分鐘
烹調時間30分鐘

200g 千層派皮
6 顆番茄
150g 莫札瑞拉乳酪
2 湯匙粗磨小麥粉（中等顆粒）
2 枝迷迭香
1 把龍蒿
6 瓣大蒜
橄欖油
鹽之花

烤爐預熱至 180℃。番茄、莫札瑞拉乳酪切成 5mm 薄片。大蒜去皮切片。將粗磨小麥粉撒在千層派皮上 *，重疊鋪上番茄片再放大蒜片、迷迭香針葉和莫札瑞拉乳酪。調味，撒上龍蒿，淋上少許橄欖油。放入烤爐中烤 30 分鐘。

＊真有趣，為什麼要撒粗磨小麥粉？粗磨小麥粉可以吸掉番茄汁，免得派皮溼糊。

19 aug

番茄醬
6人份

準備時間10分鐘
烹調時間2小時45分鐘

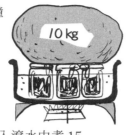

2kg 熟番茄
2 條紅蘿蔔
6 顆洋蔥
6 瓣大蒜
1 把羅勒
10cl 橄欖油
鹽及胡椒

＊為什麼裝罐後要再煮一次？ 為了消毒罐子，如此可以保存一整年。

＊＊ 自製番茄醬可以保存1年。

番茄劃十字切痕，放入滾水中煮 15 秒，去皮後直剖成塊。紅蘿蔔去皮切成薄圓片，大蒜、洋蔥去皮切薄。在平底大深鍋中放入橄欖油，拌炒洋蔥和大蒜，加入切塊的番茄和紅蘿蔔，以小火煮 45 分鐘後打成泥，以尖椎過濾器過濾，調味。摘下羅勒葉，拌入番茄醬當中。將番茄醬倒入罐子，蓋上蓋子後放進平底大深鍋，鍋裡加水，以砝碼之類的重物壓住免得罐子移動，滾煮 *1.5 小時。放置在乾燥的地方 **。

20 aug

香料番茄乾
6人份

準備時間10分鐘
烹調時間6小時

2kg 番茄（例如奧利維堤品種）
10 瓣大蒜
1 湯匙普羅旺斯香料
橄欖油
鹽之花，胡椒

＊保存時間和條件： 冷藏可保存1到2個月，但番茄必須完全泡在橄欖油當中。

烤爐預熱至 90℃。番茄去梗對切，面朝下皮朝上放在烤紙上。大蒜去皮大致切碎，和普羅旺斯香料、鹽之花、胡椒和少許橄欖油一起撒在番茄上。放入烤箱烤 6 小時。將烤乾的番茄和大蒜、普羅旺斯香料一起放入橄欖油中保存 *。

21 aug

油漬番茄筆管麵
6人份

準備時間15分鐘
烹調時間7分鐘

300g 筆管麵
100g 油漬番茄乾
1 顆紅蔥頭
1 把山蘿蔔
1 把扁葉巴西里
1 把龍蒿
15cl 橄欖油
1 顆檸檬榨汁
1 茶匙粗磨胡椒
鹽之花

＊香料的葉子要切碎，還是保留整片？ 我覺得切碎比較好吃，但可以隨各人喜好而定。

將筆管麵放入沸水中煮 7 到 8 分鐘，保持麵條的彈牙度。紅蔥頭去皮切薄。摘下新鮮香料的葉片 *。橄欖油和檸檬汁攪拌均勻。所有材料拌勻，以鹽之花和粗磨胡椒調味。

（◎譯註：蘿絲Rose的自意為「玫瑰」，5月1日勞動節也是鈴蘭節，親朋好友會互贈鈴蘭。）

22 aug

山蘿蔔生鮭魚片
6人份

準備時間20分鐘

600g 鮭魚片
1 把櫻桃蘿蔔
1 把山蘿蔔
1/2 顆花椰菜
10cl 橄欖油
3 瓣大蒜
鹽之花

大蒜切碎，以橄欖油拌炒 5 分鐘。鮭魚從魚頭往魚尾方向片下魚肉切薄片 *，將大蒜橄欖油抹在魚片上。櫻桃蘿蔔切成火柴棒大小，花椰菜大致刨片，摘下山蘿蔔葉。將鮭魚片鋪在盤子上，撒上櫻桃蘿蔔、花椰菜和山蘿蔔葉。以鹽之花調味。

✽魚片的厚度？切成和煙燻鮭魚片相同的厚度，用銳利的長刃刀子，例如片培根用的刀子。

24 aug

綜合貝殼燉鍋
6人份

準備時間5分鐘
烹調時間20分鐘

600g 竹蟶
600g 鳥蛤
600g 淡菜
600g 狗蛤
600g 蛤蜊
3 顆紅蔥頭
3 瓣大蒜
2 杯白葡萄酒
1 把龍蒿
1 把扁葉巴西里
3 湯匙巴薩米克醋
20cl 葡萄酒醋
200g 奶油

我們住海邊，所以我們吃海鮮！鳥蛤、竹蟶、蛤蜊、狗蛤、淡菜放在加了葡萄酒醋的水裡吐沙。大蒜和紅蔥頭去皮切薄，放入平底深鍋以橄欖油拌炒。淋入白酒，湯汁收至 1/2 量。加入所有貝殼類海鮮煮 5 分鐘。摘下龍蒿葉，拌入巴薩米克醋當中，以另一個平底鍋將龍蒿醋收到幾乎全乾之後，加入奶油，以小火攪拌。將奶油醋和貝殼混合，撒上切碎的扁葉巴西里。

加干貝會更漂亮。但避免在 8 月拿干貝當食材，因為季節已經過了。干貝的家鄉很遠！

23 aug

奶油煎小比目魚
6人份

準備時間10分鐘
烹調時間10分鐘

12 尾小比目魚
100g 麵粉
100g 奶油
1 湯匙橄欖油
2 顆檸檬
鹽及胡椒

請魚販先處理好小比目魚，以便烹調 *。先在魚身抹上麵粉，再拍掉多餘的麵粉。以不沾鍋融化奶油，加入橄欖油，將小比目魚每面煎 3 分鐘，使表面成金黃色，最後加入 2 顆檸檬榨的汁，調味。

✽魚要怎麼挑？比目魚的刺很好拿，所以整條魚比魚片好。

25 aug

香料千層麵
6人份

準備時間30分鐘
烹調時間30分鐘

200g 千層麵皮
2 把羅勒
2 把山蘿蔔
1 把龍蒿
1 把扁葉巴西里
80g 奶油
80g 麵粉
60cℓ 牛奶
40cℓ 液狀鮮奶油
鹽及胡椒

烤爐預熱至 160℃。以平底鍋融化奶油，放入麵粉煮 3 分鐘，再加入牛奶和液狀鮮奶油。以木杓邊攪拌（要刮到鍋底角落部分）邊煮 5 分鐘。摘下香料葉片放入白醬中，調味。在烤盤上層層疊入千層麵皮、白醬、麵皮……最上面一層要是香料白醬 *。放入烤爐烤 30 分鐘。另外，在基礎材料 ** 中也可加入羊乳酪、葛瑞爾乳酪等等。

＊為什麼最上層要是白醬？最上層若是麵皮，會烤太乾。

＊＊啊？不能直接放一層乳酪？不行。

26 aug

簡易雪酪
6人份

準備時間5分鐘
300g 冷凍水果塊
1 個蛋白
50g 糖

最好是自己以當令水果來做冷凍水果，例如桃子、覆盆子、草莓、無花果、鳳梨等等。將水果切丁，放在盤子上冷凍，以免水果塊互相凍在一起。將冷凍水果塊、糖、蛋白 * 打發至軟稠。立即享用。

＊ 蛋白的作用是什麼？乳化雪酪，讓質地更綿密。

27 aug

義式醃五花肉烤雞
6人份

準備時間20分鐘
烹調時間1小時

1 隻雞
18 片沒有軟骨的義式醃五花肉
100g 肥五花肉丁
1 把羅勒
100g 乾掉的麵包
20cℓ 液狀鮮奶油
6 條小紅蘿蔔
6 枝嫩茴香
6 顆紅蔥頭
1 個蒜球

小紅蘿蔔去皮，留下一小段梗，各用一片醃五花肉捲起來。以醃五花肉捲起嫩茴香。摘下羅勒葉，切碎。肥五花肉丁以水滾煮 5 分鐘 *。打勻羅勒葉、乾麵包，加入液狀鮮奶油和五花肉丁，填入雞腹。蒜球對切。將剩下的醃五花肉放在雞肉上。將雞放在烤盤上，以醃五花肉捲起的蔬菜放在旁邊，擺入紅蔥頭和蒜球。放入烤箱以 160℃。烤 1 小時。醃五花肉會為雞肉帶來足夠的鹹度。

＊肥五花肉丁為什麼要先煮過？可以煮掉部分油脂，比較好消化。

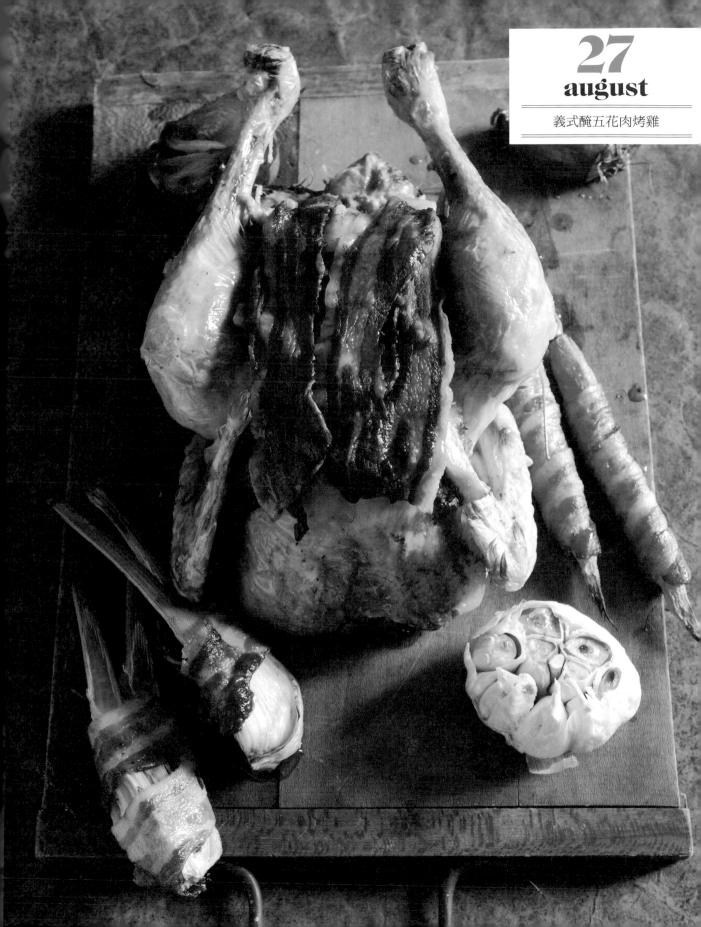

28
aug

千層派
6人份

準備時間20分鐘
烹調時間20分鐘

200g 現成的千層派皮
100g 糖粉
卡士達奶醬（參考草莓塔配方）

＊為了讓完成的千層
派更美觀，我們會把
派皮邊緣切齊。

＊＊若想為千層派加
味，可以一開始就
在卡士達奶醬裡加可
可、各種酒、開心果
膏等等。

在工作檯上大把撒上糖粉，以千層
派皮蓋住。先將派皮擀成長方形，
放到烤紙上，派皮上再鋪一層烤紙，
以 1cm 高的網架＊壓入再放入烤爐
以 180℃烤 20 分鐘。派皮放涼後，
先切掉邊緣＊再切成 3 等分。以卡
士達奶醬塗抹其中 2 片派皮＊，疊
起千層派，撒糖粉。盡快享用，才能
嚐到派皮酥脆的口感。

29
aug

小鴨肉佐大黃
6人份

準備時間15分鐘
烹調時間10分鐘

6 片夏朗市（Challans）的小鴨肉＊
2 湯匙綜合胡椒粒
3 湯匙楓糖漿
800g 新鮮大黃
20cl 麝香白葡萄酒
50g 奶油
鹽

＊夏朗的小鴨肉有什
麼特別？這個產區的
鴨肉特別香。

＊＊鴨肉用煎鍋煎
嗎？不必放油嗎？是
的，鴨肉本身的油脂
就夠了。

大黃去皮，切小段，放入少許水中煮
3 到 4 分鐘不要煮軟，然後放入煎
鍋，以奶油煎。鴨皮以刀劃格，鴨皮
面朝下煎 5 分鐘＊＊，逼出油脂。以
鴨皮面沾楓糖漿後再沾胡椒粒，再
以鴨肉面朝下煮 3 分鐘。取出鴨肉，
在鍋中淋入白酒，收湯至 1/2，再加
入楓糖漿。將鴨肉放在烤架上炙燒
鴨皮面，佐大黃，淋上白酒楓糖醬享
用。

30
aug

溫章魚
6人份

準備時間15分鐘
烹調時間1小時45分鐘

1 隻 2kg 章魚
1 束法國香草束
3 顆紅蔥頭
10cl 醬油
10cl 橄欖油
1 顆檸檬榨汁
鹽之花

請魚販事先將章魚處理乾淨＊。將章
魚和香草束放入大鍋水中煮 1.5 小
時。烹煮的時間依個人喜愛的生熟
度而定。有些人——比方我——喜
歡章魚的口感韌一點，那麼就縮短
烹調的時間。拿出章魚，刷上醬油
和橄欖油，放在烤盤上炙烤 5 分鐘。
紅蔥頭去皮切薄，拌入烤章魚的醬
汁（醬油和橄欖油）中。章魚切片，
淋上加了紅蔥頭的醬汁，以鹽之花
調味。

＊章魚怎麼處理？取
掉章魚嘴，以清水洗
淨章魚頭。

瑪麗 & 雷昂

細雨也好大雨也罷，田雞大餐的時間到⋯⋯應該說，雷昂享受大餐的時間到了

雷昂對甜美的瑪麗歌頌青蛙，這是8月傍晚，就在滂沱大雨落下之前⋯⋯研究一下這兩者之間的關係吧！

啊！那些腿真美啊，我的青蛙，
唉呀，唉呀，唉呀。

那些腿真美，我的青蛙，
唉呀，唉呀，唉呀。

池塘一片嘈雜，
夜來了，
晚會時間到了，
青蛙光溜溜，
蟾蜍喜孜孜，
些許折磨，
些許歡愉，
牠們的心因此跳動。

啊！那些腿真美啊，我的青蛙，
唉呀，唉呀，唉呀。
那些腿真美，我的青蛙，
唉呀，唉呀，唉呀。

漁夫穿上綠衣，
露出傻笑，
釣餌套上紅衣，
靜靜出手，
奶油公斤計，
大蒜別太多，
巴西里剁碎，
晚餐吃青蛙！

啊！那些腿真美啊，我的青蛙，
唉呀，唉呀，唉呀。
那些腿真美，我的青蛙，
唉呀，唉呀，唉呀。

31 aug 田雞腿

6人份

準備時間10分鐘
烹調時間10分鐘

36 隻新鮮或冷凍田雞腿
8 瓣大蒜
1 把扁葉巴西里
100g 麵粉
200g 奶油
鹽及胡椒

如過用冷凍田雞腿，先解凍。用紙巾吸乾田雞腿的水份，沾上麵粉。大蒜去皮大致切碎，巴西里切碎。以煎鍋用大火加熱奶油，至奶油起泡沫＊，放入大蒜、田雞腿拌炒10分鐘左右（田雞腿應該煎出金黃色），調味，撒上切碎的巴西里葉，直接以煎鍋端上桌。注意！寧願將田雞腿分次煮也不要全塞進鍋裡，否則田雞腿會受熱不均。

＊奶油起泡沫？奶油加熱會產生不同的變化，起泡沫為其中之一（就在加熱出榛果色之前），這時候要立刻放進田雞腿。泡沫夜，田雞大餐夜！

This month

時令蔬果
彩椒
櫛瓜
茄子
芹菜
紅洋蔥
馬鈴薯
四季豆
番茄
玉米
生菜
嫩菠菜
新鮮香料
雞油菇
牛肝蕈
酒瓶塞牛肝蕈
秀珍菇
紫皮無花果
綠皮無花果
西洋梨

魚貝蝦蟹
小蝦
青鱈
鯛魚

肉類及肉製品
雞肉
漢堡排
小牛肉片
鴨胸
煙燻培根
帶骨火腿
生火腿

乳酪
康堤
拉可雷特

精緻美食
圓米
千層麵皮
栗子泥
栗子

September

01
吉爾
蝦仁筆管麵沙拉

02
英格麗
雞油菇炒雞柳

03
葛雷戈瓦
普羅旺斯四季豆

08
亞德里安
焗烤通心粉

09
亞蘭
炸雞塊

10
依妮斯
法式漢堡

15
奧古斯丹
鴨胸佐無花果

16
愛節特
牛肝蕈塔

17
律邦
時菇蛋捲

22
莫里斯
烤雞佐秀珍菇

23
奧圖恩
洋菇麵疙瘩

24
瑪西迪
紅酒西洋梨

29
蓋布列
蔬菜肉醬

30
傑洛姆
梨子布丁

01

04
蘿莎莉

奶油鱈魚

05
瑞莎

蔬菜天婦羅

06
伯特朗

韭蔥鹹派

07
蕾恩

烤無花果

11
亞德夫

藍帶肉排

12
阿波利奈

土司先生火腿乳酪三明治

13
愛咪

米布丁

14
馬黛恩

蔬菜可樂餅

18
愛絲佩蘭絲

雞油菇鹹派

19
瑪麗愛咪兒

牛肝蕈濃湯

20
達維

醋漬牛肝蕈

21
勒維

鹽烤鯛魚

25
賀爾曼

小牛肉彩椒千層麵

26
達米恩

蒙布朗

27
文森

培根玉米

28
文斯拉斯

栗子湯

02 03 04 05

01 sept

蝦仁筆管麵沙拉
6人份

準備時間30分鐘
烹調時間15分鐘

400g 筆管麵
30 尾小蝦
1 把龍蒿
1 個蛋黃
1 湯匙 Savora 芥末醬
1 湯匙葡萄酒醋
1 顆檸檬
10cl 橄欖油
15cl 葵花籽油
鹽及胡椒

將筆管麵放進大鍋加鹽沸水中煮 10 分鐘左右，不要煮太軟。取出立刻過冰水。小蝦剝殼。摘下龍蒿葉。將蛋黃、芥末醬、醋、檸檬汁拌勻，加入橄欖油和葵花籽油後打勻 *。調味。混合所有材料，加入龍蒿葉。

*要怎麼打？把所有材料放在一起，然後把手持攪拌器放進容器裡，開始打嘍。

02 sept

雞油菇炒雞柳
6人份

準備時間15分鐘
烹調時間15分鐘

6 片土雞雞胸肉
3 顆紅椒
2 顆紅洋蔥
3 瓣大蒜
300g 新鮮雞油菇 *
1 把芫荽
50g 奶油
鹽及胡椒

紅洋蔥、大蒜去皮切薄，雞肉、紅椒切條。以清水洗淨雞油菇 **，用布擦乾。以奶油拌炒雞柳、紅椒、紅洋蔥、大蒜，炒 10 分鐘。加入雞油菇、切碎的芫荽葉，繼續煮 5 分鐘。調味。

✳ 雞油菇怎麼挑？選結實的法國產雞油菇。

✳✳ 有沒有別的清理方式，可以不必弄溼雞油菇？雞油菇通常很髒，最好的方式是用溼布擦。

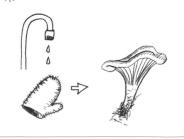

03 sept

普羅旺斯四季豆
6人份

準備時間10分鐘
烹調時間20分鐘

800g 四季豆
4 顆熟番茄
1 顆洋蔥
2 瓣大蒜
1 茶匙普羅旺斯香料
橄欖油
鹽及胡椒

四季豆放入加鹽的沸水中煮 15 分鐘左右。取出後立刻過冰水 *。番茄浸沸水 5 秒鐘，去皮，切丁。洋蔥、大蒜去皮切薄，放入煎鍋中以橄欖油拌炒，加入番茄、普羅旺斯香料，煮 5 分鐘收稠 **。拌入加熱的四季豆，調味。

✳ 四季豆為什麼要過冰水？可以保持葉綠素，讓四季豆仍然青綠。

✳✳ 收稠？收湯，讓醬汁濃稠。

04
sept

奶油鱈魚
6人份

準備時間24小時
烹調時間30分鐘

800g 鹽漬青鱈
800g 馬鈴薯
10 瓣大蒜
1ℓ 牛奶
20cℓ 橄欖油
鹽及胡椒

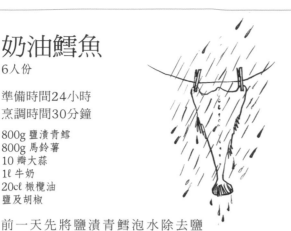

＊水和牛奶的比例？
各半。

＊＊鱈魚已經有鹹味
了，還要調味嗎？為
薯泥調味前先嚐嚐鱈
魚，如果魚還很鹹，
就不必調味。

前一天先將鹽漬青鱈泡水除去鹽
分，期間不時換水並沖洗魚片。馬
鈴薯、大蒜去皮。將馬鈴薯放入大
鍋水中煮 20 到 30 分鐘。將鱈魚
和大蒜放入加水的牛奶＊（牛奶加
熱要小心！）中煮 20 分鐘。去掉魚
皮和魚骨。混合煮過的大蒜和馬鈴
薯，加入橄欖油，粗略壓成薯泥，調
味＊＊。在盤子上放一圈馬鈴薯泥，
擺幾塊鱈魚，搭配生菜沙拉。

05
sept

蔬菜天婦羅
6人份

準備時間15分鐘
烹調時間5分鐘

綜合蔬菜
彩椒
櫛瓜
茄子
芹菜
洋蔥
新鮮香料
天婦羅粉
2 顆蛋
炸天婦羅用的油
鹽及胡椒

假期結束，開學了，大家也回到了工
作崗位。菜架上還看得到日曬充裕
的蔬菜，我們要好好享用。蔬菜可
依個人喜好切圓片或切條。調好天
婦羅麵衣（依包裝指示）。將油加熱
到 180℃，放入裹了麵衣的蔬菜炸 3
到 4 分鐘，拿起後放在吸油紙上。
調味後立即享用。

06
sept

韭蔥鹹派
6人份

準備時間1小時
烹調時間30分鐘

派皮：
200g 麵粉
1 把芫荽
100g 奶油
1 顆紅蔥頭
1 顆蛋
鹽之花，胡椒
韭蔥餡：
3 枝韭蔥
1 湯匙孜然
30cℓ 液狀鮮奶油

烤爐預熱至 160℃。摘下芫荽葉，
紅蔥頭去皮切碎。打勻奶油、麵粉、
芫荽葉和切碎的紅蔥頭。調味，加
入蛋。以保鮮膜包起麵糰，放入冰
箱冷藏 30 分鐘＊。將麵糰分成小派
皮，放入烤爐烤 10 分鐘。韭蔥先切
掉 1/3 蔥綠再切細，以大量清水洗
淨。橄欖油起油鍋，放入韭蔥，以小
火拌炒 15 分鐘（這時韭蔥應該煮軟
了，而且沒有顏色）。加入液狀鮮奶
油、孜然，繼續煮 15 分鐘（讓韭蔥
完全吸收液狀鮮奶油）。調味。在
每個派皮上放 1 湯匙韭蔥餡料。放
溫了吃。

＊為什麼用保鮮膜包
麵糰，還要放入冰箱
冷藏？麵糰冰硬後比
較容易擀成派皮。

07 sept

烤無花果

6人份

準備時間15分鐘
烹調時間20分鐘

12 顆熟的紫皮無花果 *
100g 椰子粉
100g 紅砂糖
100g 奶油
1 顆蛋外加 1 個蛋黃
1 支香草筴
50cℓ 新鮮蘋果汁

* 為什麼要選紫皮無花果？味道比較重，看起來也沒有綠皮無花果那麼像植物。

** 十字切痕不大，放椰粉奶油的位置夠大嗎？夠。

烤爐預熱 160℃。剖開香草筴取香草籽混入蘋果汁。在無花果頂部劃十字切痕 **。以微波爐融化奶油，和糖、椰子粉、蛋和額外的蛋黃混合填入無花果，放在烤盤上，淋入香草蘋果汁（至烤盤 1/3 高度），爐烤 20 分鐘。搭配無花果雪酪享用。

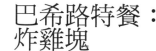

08 sept

焗烤通心粉

6個小孩和幾個大人

準備時間15分鐘
烹調時間30分鐘

300g 通心麵
8 片帶骨火腿片下的火腿片（我們不能放棄對品質的堅持！）
1 把羅勒（為焗烤通心粉加點綠色！）
300g 葛瑞爾乳酪絲
30cℓ 液狀鮮奶油
鹽及胡椒

烤爐預熱至 160℃。將通心麵放入沸水中煮 10 分鐘，保留咬勁。摘下羅勒葉切碎，與乳酪絲、液狀鮮奶油、巴西里混合，將 2/3 與熟的通心麵拌勻，調味。在烤盤上放一層通心麵後蓋上一層火腿，告訴過你，要用帶骨火腿！ 放第二層通心麵後再蓋上火腿，噢拜託，可是帶骨火腿呢！ 再放通心麵……最上面一層以羅勒乳酪醬結束。放入烤爐中烤 20 分鐘。讓小朋友先吃，攔下父母 *（不妨在隔壁房間開瓶紅酒），最後再讓家長把烤盤刮乾淨。

* 我們認識一些家長會以餵小孩為藉口，然後把給孩子的通心麵吃光。「我來幫忙，你剛剛又吃太多薯片了！」這招未免太厲害了。

09 sept

巴希路特餐：炸雞塊

（又名：怎麼逗你家小兒子開心）

6人份

準備時間30分鐘
烹調時間10分鐘

6 片土雞雞胸肉（否則直接去買炸雞塊吃就好了！）
20cℓ 液狀鮮奶油
150g 乾掉的麵包
50g 奶油
2 湯匙葵花籽油
鹽及胡椒

雞胸肉切丁，加入液狀鮮奶油打成肉泥，調味。雞蛋打成蛋汁。硬麵包打成碎屑。以手捏雞塊造型，先沾蛋汁再沾麵包屑 *。在不沾鍋裡放入奶油和少許葵花籽油，每面以小火煎 3 到 4 分鐘。搭配番茄醬享用……既然想找樂子，何妨做到底，吃完出去找樂子吧。

* 雞塊可以加上各種材料，例如洋蔥、大蒜、蔬菜、香料等等。但是我家巴希路喜歡吃原味，所以我做原味雞塊！

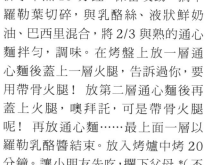

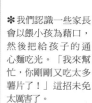

10 sept 法式漢堡

6人份

準備時間15分鐘
烹調時間15分鐘

6塊肉舖買來的漢堡排
6片煙燻培根
3顆番茄
1顆紅洋蔥
180g 康堤乳酪
自選沙拉
1湯匙番茄醬
1湯匙 Savora 芥末醬
1湯匙莫城芥末
50g 奶油
1到2條法國長棍麵包

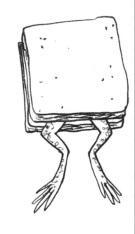

長棍麵包切成6段，若有2條就各切3段，將每段麵包橫剖。煙燻培根以小火煎3分鐘。在同一個煎鍋以奶油煎漢堡排，不要煎熟，關火後5分鐘再起鍋。將芥末醬、番茄醬放入鍋裡，與肉渣攪拌成醬汁。洋蔥切成圈，番茄切片，康堤乳酪切薄片。烤爐預熱180℃。麵包抹上醬汁，放入上述食材，烤5分鐘。最後加上沙拉，蓋上另一片麵包*。

＊三明治要怎麼吃才優雅？抬起頭凝視遠方，下巴往前揚，用漂亮的牙齒咬下三明治——注意，目光不得轉移——假裝沒看到剛滴到你新T恤上的番茄醬……就這麼簡單。

11 sept 藍帶肉排

6人份

準備時間15分鐘
烹調時間15分鐘

6片雞胸肉或6薄片小牛肉
3片帶骨火腿切下來的火腿（我們又要重提這個堅持了！）
120g 拉可雷特乳酪
100g 烘焙用杏仁粉
100g 乾掉的麵包
4顆蛋
鹽及胡椒

用擀麵棍擀薄雞胸肉。火腿對切。在每片雞肉的一側擺上1/2片火腿和切片乳酪，對折雞肉壓平。將蛋打勻。硬麵包、杏仁粉打勻調味。雞肉沾蛋汁再沾杏仁麵包屑，重複一次相同步驟*。將肉排放入煎鍋，每面以奶油小火煎5到7分鐘。

＊還能在雞肉或麵包屑中加什麼佐料？一樣，你可以加新鮮香料，例如羅勒或龍蒿，也可以在雞肉裡加青醬、番茄醬、鯷魚酸豆醬……由你自己來決定藍帶肉排的口味。

12 sept 土司先生火腿乳酪三明治（這是為珠妮特設計的，她覺得田雞腿比米其林三星主廚Michel Troigros的料理好吃。）

6人份

準備時間15分鐘
烹調時間5分鐘

12片土司
3片帶骨火腿切下來的火腿（又來了！）
3片略碎的生火腿片
200g 嫩菠菜
300g 葛瑞爾乳酪絲
25cℓ 液狀鮮奶油
3顆蛋

＊為什麼要切邊？因為我不喜歡吃土司邊。

＊＊在土司先生火腿乳酪三明治上加個蛋，就成了土司太太火腿乳酪三明治。

烤爐預熱。切下土司麵包邊*，將土司平放在工作檯上。將葛瑞爾乳酪絲和液狀鮮奶油拌勻，抹在土司上。自行決定在半數麵包上擺火腿、生火腿或菠菜，用另外半數麵包蓋上。放進烤爐以180℃烤5分鐘……還可以在三明治上放顆煎蛋**。

13 sept

米布丁
6人份

準備時間15分鐘
烹調時間20分鐘

200g 圓米
60cℓ 牛奶
150g＋100g 砂糖
1 支香草筴
20cℓ＋15cℓ 液狀鮮奶油（乳脂 30% 以上）
50g 薄鹽奶油

＊為什麼不米一煮好
就拌入鮮奶油？如果
米還很燙，鮮奶油會
液化。

＊＊怎麼裝盤？放在
大罐子或小罐子裡。

剖開香草筴刮下香草籽後一起放入
牛奶中浸泡，入味後取出香草筴。加
150g 糖煮沸後轉小火，倒入米煮
20 分鐘並不時攪拌，靜置放涼＊。
打發 20cl 鮮奶油拌入米奶中。用剩
下的糖製作焦糖，加奶油和鮮奶油
煮 3 分鐘，作為淋醬＊＊。

14 sept

蔬菜可樂餅
6人份

準備時間10分鐘
烹調時間10分鐘

500g 馬鈴薯
200g 麵粉
3 顆蛋
葵花籽油
鹽及胡椒

馬鈴薯去皮，放入沸水煮 30 分鐘後
壓成泥，加入麵粉和蛋，調味。
任選：
3 條紅蘿蔔：水煮後打成泥，加入薯
泥中。
200g 菠菜：以奶油煮軟後打成泥，
加入薯泥中。
200g 花椰菜：水煮後打成泥，加入
薯泥中。
用 2 支湯匙壓出可樂餅形狀，在煎
鍋裡倒入 5mm 高的油，每面＊煎
5 分鐘。以紙巾吸去多餘的油。

＊我做的可樂餅一碰
到油就散開，怎麼
辦？改煮麵條……好
了別開玩笑，加些麵
粉。

15 sept

鴨胸佐無花果
6人份

準備時間15分鐘
烹調時間15分鐘

3 片鴨胸肉
12 顆綠皮無花果
2 湯匙黑醋栗酒
15cℓ 波特紅葡萄酒
1 顆紅蔥頭
1/2 把扁葉巴西里
50g 奶油
鹽及胡椒

紅蔥頭去皮切薄，扁葉巴西里切碎，
無花果剖半。在鴨胸的皮上以刀子
劃切痕，皮朝下煎 7 分鐘，將多餘
的油脂倒掉＊，再將鴨肉翻面煎 2
分鐘，放在盤子上。以波特紅酒和黑
醋栗酒將肉渣收為醬汁後，直接放
入無花果煮 5 分鐘。加奶油，調味。
以醬汁加熱鴨胸肉和無花果，撒上
紅蔥頭和切碎的巴西里。

＊為什麼？否則會吃
下一池子鴨油，血管
硬化遲早找上門。

16 sept

牛肝蕈塔
6人份

準備時間15分鐘
烹調時間30分鐘

200g 千層派皮
400g 新鮮牛肝蕈 *
100g 煙燻鴨胸
100g 肥五花肉丁
50g 核桃仁
3 顆紅蔥頭
2 片土司
15cl 液狀鮮奶油
1 湯匙雅馬邑白蘭地
80g 奶油
3 瓣大蒜
鹽之花，胡椒

✱挑選好品質的牛肝蕈：牛肝蕈就像法國香頌界的天王強尼‧哈立戴（Johnny Hollyday），放眼各界無敵手。買牛肝蕈一定要在產季買，這時的牛肝蕈應該要硬得像石頭一樣。我們得跪下（à genoux）才找得到牛肝蕈，這時你得小心你的玩具（joujoux），埋頭苦幹拼命找（la tête dans les choux），不能吵醒滿身跳蚤（poux）的貓頭鷹（hiboux）……而且還可以練習法文。

紅蔥頭去皮切薄，和五花肉丁、預先切丁的煙燻鴨胸一起拌炒 5 分鐘。倒入雅馬邑白蘭地，燒掉酒精。加入核桃仁、土司、鮮奶油。將上述材料打成餡料。以溼布將牛肝蕈擦乾淨，切大塊。大蒜去皮切碎，以奶油爆香。攤開派皮，放入餡料，將牛肝蕈塊放在上面，淋上大蒜奶油，調味。放入烤爐中以180℃烤30分鐘。

17 sept

時菇*蛋捲
6人份

準備時間10分鐘
烹調時間10分鐘

12 顆蛋
10cl 液狀鮮奶油
200g 新鮮野菇
3 顆紅蔥頭
1 把扁葉巴西里
10 根蝦夷蔥
50g 奶油
2 湯匙葵花籽油
鹽及胡椒

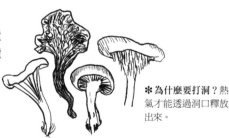

✱比方哪些菇？比方黑杏鮑菇、法國捲緣齒蕈、雞油菇、牛肝蕈、法國硬柄小皮傘等等。

✱✱菇類該炒多久？熱鍋快炒5分鐘。

雞蛋和鮮奶油拌勻，加入預先切碎的巴西里和蝦夷蔥，調味。野菇洗淨擦乾。紅蔥頭去皮切薄，和野菇✱✱ 以奶油和葵花子油拌炒（若野菇夠新鮮，應以大火快炒）。倒入鮮奶油蛋汁，依個人喜好決定生熟度。

18 sept

雞油菇鹹派
6人份

準備時間20分鐘
烹調時間30分鐘

2 片千層派皮
400g 熟米
400g 新鮮雞油菇
6 顆紅蔥頭
6 瓣大蒜
30cl 液狀鮮奶油
3 顆蛋 +1 個蛋黃
橄欖油
工具：
派模

✱為什麼要打洞？熱氣才能透過洞口釋放出來。

✱✱抹蛋黃有什麼作用？烤出來派皮才會是金黃色。

烤爐預熱至180℃。大蒜、紅蔥頭去皮，以橄欖油大火爆香，拌入米飯和雞油菇，調味。蛋、液狀鮮奶油拌勻，拌入炒過的米中。將派皮鋪在派模上，放入米和雞油菇，在派皮邊緣抹點水。以另一張派皮蓋住材料，上下兩張派皮的邊緣必須壓密合。在上層派皮中央戳個洞 *，用刀子劃出放射性弧線，抹上蛋黃✱✱，烤 30 分鐘。

19 sept

牛肝蕈濃湯
6人份

準備時間15分鐘
烹調時間35分鐘

之前　　　之後

400g 牛肝蕈
200g 馬鈴薯
少許肉豆蔻
6 顆洋蔥
30cℓ 液狀鮮奶油
1 杯白葡萄酒
橄欖油
鹽及胡椒

將 300g 牛肝蕈切丁 *，100g 切片。馬鈴薯切丁。紅蔥頭切薄，約留 1 顆的量備用。將牛肝蕈丁和 5 顆量的紅蔥頭丁放入平底深鍋拌炒，加入肉豆蔻、白酒、馬鈴薯丁。倒入蓋過材料的水量，加蓋以小火煮 30 分鐘。所有材料打成泥，加入鮮奶油，調味後再煮 5 分鐘。以橄欖油大火快炒 * 牛肝蕈和剩下的紅蔥頭。以深盤裝湯，加上一匙炒過的材料。

＊切丁？目的是讓你多點事做。

＊＊炒多久？5分鐘。

20 sept

醋漬牛肝蕈
600g裝4份

準備時間10分鐘
放置2小時
放置1星期

1kg 酒瓶塞牛肝蕈 *
4 枝迷迭香
4 片月桂葉
12 瓣大蒜
1 湯匙杜松子
1 湯匙綜合胡椒顆粒
1ℓ 白醋
工具：
罐子

牛肝蕈以溼布擦乾淨，在沸水中泡 30 秒，放 2 小時瀝乾水份。杜松子和胡椒粒壓碎。將牛肝蕈和 1 枝迷迭香、1 片月桂葉、3 瓣帶皮大蒜、少許杜松子和胡椒裝入罐子裡，倒滿白醋。注意牛肝蕈不要互相堆疊。關上罐蓋，冷藏 1 星期後享用 **。

＊酒瓶塞牛肝蕈是什麼東西？大小和香檳瓶塞差不多的小牛肝蕈。

＊＊怎麼吃？搭配肉製品最棒。

21 sept

鹽烤鯛魚
6人份

準備時間15分鐘
烹調時間10分鐘

2 尾 1.2kg 鯛魚
4kg 粗鹽

烤爐預熱至 200℃。放 1kg 粗鹽在烤盤上，再放上事先處理好的鯛魚。另外 3kg 粗鹽加水弄溼 * 後，完全包覆住鯛魚。放入烤爐，時間計算為每公斤 10 分鐘。敲碎鹽殼 **（建議你別在地毯上敲），拿出鯛魚。以最簡單的方式上桌。淋上少許橄欖油。

＊ 水和鹽的比例？
1kg鹽用1杯水。

＊＊怎麼敲？用有鋸齒的刀子，例如麵包刀。

「秋天重回大地，葡萄酒展的時間又到了……啊抱歉，是吃紅酒梨的季節到了。」

22 sept

烤雞佐秀珍菇
6人份

準備時間20分鐘
烹調時間1小時

1 隻雞
1kg 秀珍菇
1 湯匙普羅旺斯香料
6 瓣大蒜
4 顆紅蔥頭
1 顆蛋白
3 湯匙橄欖油
50g 奶油
鹽及胡椒

大蒜、紅蔥頭去皮切碎。150g 秀珍菇切碎，和大蒜、紅蔥頭拌在一起。加入普羅旺斯香料，調味。再和蛋白、橄欖油混合，淋在雞肉上，進烤爐以 160℃烤 1 小時。鍋裡放奶油，以大火將其餘秀珍菇拌炒 10 分鐘，以烤雞的香料肉汁調味。

23 sept

洋菇麵疙瘩
6人份

準備時間25分鐘
放置2小時
烹調時間10分鐘

300g 馬鈴薯
200g 麵粉
3 顆蛋
1 把羅勒
200g 洋菇
2 顆紅蔥頭
30cl 液狀鮮奶油
6 枝蝦夷蔥
1 杯不甜的白葡萄酒
鹽及胡椒

馬鈴薯削皮，水煮 20 分鐘後壓成泥。將麵粉、羅勒和蛋打成麵糊，拌入薯泥，調味。以保鮮膜將薯泥麵糰捲成香腸狀，放入冰箱冷藏 2 小時後，再切成麵疙瘩 * 大小，用叉子壓痕。洋菇和切薄的紅蔥頭一起拌炒，淋入白酒，收湯。加入鮮奶油和麵疙瘩，調味，以小火煮 5 分鐘。撒上切碎的蝦夷蔥即可上桌。

✱ 麵疙瘩該切多大？
大概半吋。

24 sept

紅酒西洋梨
6人份

準備時間10分鐘
烹調時間45分鐘
放置時間24小時

6 顆西洋梨
1ℓ 紅葡萄酒
1 支香草莢
1 茶匙 4 種混合香料
4 顆八角
150g 紅砂糖
1 茶匙胡椒顆粒

西洋梨削皮，留下一小段梗。香草莢剖開，刮出香草籽，將莢和籽一起放入紅酒中 *。將梨子放入平底深鍋，倒入紅酒，加糖、胡椒、八角和混合香料，不必加蓋，以小火煮 45 分鐘。梨子在紅酒中冷藏浸泡 24 小時即可享用。

✱ 為什麼連香草莢都要放進去？連香草莢一起浸泡，可以讓香味更濃郁。

瑪麗 & 雷昂

Lasciatemi cantare，讓我高歌

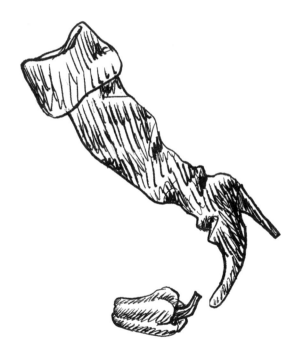

Lasciatemi cantare，讓我為婚禮高歌；抱著吉他端著酒，lasciatemi cantare，讓我以巴羅洛葡萄酒之名高歌，我是義大利人，從皮耶蒙特到普里亞的戀人們⋯⋯早安義大利，早安義大利麵，起床難，好奇心油然而生⋯⋯支持總統的人民吃的是松露麵和一車車的筆管麵⋯⋯一打開收音機，就聽到大家討論美酒和乳酪，金絲雀在窗口唱歌⋯⋯和千層麵。

Buongiorno Italia，早安義大利，瑪麗就是這麼寫下了歷史。

25 sept

小牛肉彩椒千層麵
6人份

準備時間30分鐘
烹調時間50分鐘

200g 千層麵皮
4 片小牛肉
2 顆紅椒
2 顆青椒
3 顆洋蔥
3 顆番茄
橄欖油
50g 奶油
50g 麵粉
60cℓ 牛奶
少許肉豆蔻
200g 羊乳酪（例如歐索伊拉堤 ossau iraty）

小牛肉片、彩椒切丁。洋蔥去皮切薄。番茄直剖成塊。以 4 湯匙橄欖油拌炒肉丁、彩椒和番茄，燉煮 20 分鐘，調味。將奶油放入平底深鍋中加熱融化，加入麵粉煮 3 分鐘，期間需不時攪拌。加入牛奶、肉豆蔻後煮 5 分鐘。羊乳酪刨片。在烤盤裡鋪上 1 層肉，再放 1 層白醬、乳酪、千層麵皮，繼續相同的鋪法，最上面一層以乳酪結束。放入爐中以 170℃ 烤 30 分鐘。

「我們常說栗子樹是會長香腸的樹，但在栗子還沒剝殼之前，
充其量只能說是會長細瘦羊肉腸的樹。」

（◎譯註：長香腸這個說法，是因為栗子將常拿來當豬食。）

26 sept

蒙布朗*
6人份

準備時間15分鐘
烹調時間10分鐘

200g 油酥麵糰（參考草莓塔作法）
150g 栗子泥
50g 奶油
20g 液狀鮮奶油（乳脂 30% 以上）

* 為什麼叫作蒙布朗？栗子塔像一座由小變大的山。

** 先冰涼，還是立刻吃？立刻吃最好吃。

將塔皮鋪在小杯模裡，放入約榛果大小的少許栗子泥，放入烤爐，以160℃烤10分鐘，放涼。將放在室溫的奶油拌進栗子泥當中。鮮奶油加糖打發，和奶油栗子泥混合。每個小塔上都放一些栗子鮮奶油 **。

28 sept

栗子湯
6人份

準備時間10分鐘
烹調時間20分鐘

300g + 100g 真空包裝栗子
2 瓣大蒜
2 顆紅蔥頭
1 片月桂葉
1 杯白葡萄酒（產區當然要是阿戴樹 Ardèche）
30 杯液狀鮮奶油
3 湯匙橄欖油
鹽及胡椒

大蒜、紅蔥頭去皮切薄，放入鍋中拌炒 5 分鐘（炒成金黃色）。加入300g 栗子，繼續煮 5 分鐘，以白酒刮下栗子渣收成醬，接著加入 1 杯水、月桂葉滾煮 10 分鐘。拿出肉桂葉。將煮過的栗子打成泥，加入液狀鮮奶油，調味。100g 栗子大致壓碎，撒在湯上。

27 sept

培根玉米
6人份

準備時間10分鐘
烹調時間30分鐘

6 根玉米
6 片厚片煙燻培根
100g 奶油
1 把巴西里
粗磨胡椒
鹽

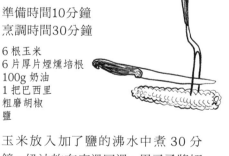

* 玉米該怎麼切，才不會切到手？用烤肉叉固定住玉米，刀子放入叉齒之間，用力切下去就好。

玉米放入加了鹽的沸水中煮 30 分鐘。奶油放在室溫回溫。用叉子將切細的巴西里葉和奶油混合，調味。將 2 根玉米剖成 4 條 *，留下 6 條，用刀子切下另外所有的玉米粒。煙燻培根以煎鍋煎過。1 條玉米加上玉米粒擺盤，淋上奶油巴西里享用。

瑪麗 & 雷昂

酒……不，
是有水的味道……
對，是有味道的水

這是星期天，瑪麗和雷昂瓦許果—— 你們的姻親 ——來家裡共進午餐，這一吃，就吃到了傍晚5點45分。

瑪麗的臉越來越像罌粟花田，她扯著喉嚨想獨唱歌星費得曼最新專輯的歌曲（沒有人比瑪麗更熟悉費得曼的歌）。她哼兩句喝口酒，唱一首喝一瓶。專輯總共有兩首歌和十首混音，看來我們應該是安全無慮。至於里昂呢，他老早就離開舞台，把陣地轉移到沙發上。桃子、蘋果、梨子、杏子，水果對他來說永遠不嫌多，他決定為五千萬消費者評比端上的水果酒。「大家都說一天要吃五份蔬菜水果，我再來一份就夠了。」不要期待我們的表親會早早離開，他們顯然準備留下來吃晚餐……

29 sept

蔬菜肉醬
6人份

準備時間15分鐘
烹調時間45分鐘

500g 吃剩的肉
3 顆洋蔥
200g 熟蔬菜
1 把蝦夷蔥
20cℓ 液狀鮮奶油
4 顆蛋
1 湯匙芫荽籽
鹽及胡椒

羊腿肉沒有徹底發揮，蔬菜還有剩。為了重新利用，我們把所有食材加洋蔥、液狀鮮奶油、蛋、芫荽籽和蝦夷蔥打成泥。放入烤箱裡以160℃烤45分鐘。音響繼續播放費得曼的歌聲，雷昂用男低音伴唱（第4杯水果酒終於撂倒他了），他們要留下來用晚餐，而且床也準備好了。

瑪麗 & 雷昂

樹林裡的俄羅斯輪盤

對瓦許果一家人來說，9月是收穫的季節。廚房裡氣氛緊張，隨時在煮果醬，做椈椊糊和栗子泥，洗鮮菇……

的確，9月等於是一整年的食物櫃，是豐盛和平淡的轉折點，大自然在大方給予之後，逐漸要入睡。我們家不可能錯過一年一度的相會，樹林、草原和附近的林地都在等待。瑪麗挽著藤籃，凱文拎著牛奶罐，里昂拿的是塑膠袋，每個人的方法和習慣都不一樣。

瓦許果一家老小穿上橡膠雨鞋出發了，野菇最好小心一點！「喔，這朵菇好漂亮，紅通通的，菇傘上還有白點……」正值青春期的凱文說道：「這朵看起來像牛肝蕈，紫紅色的菇傘好像妓院的靠枕……看這朵，菇柄上有個圈環，應該是剛結婚……是說，顏色帶綠，看起來不太健康。」很快地，採野菇之行轉變成俄羅斯輪盤遊戲，隨便一摘都可能帶來危險。對待野菇不能粗心大意，要抱著敬意。他們走出路口的藥房後，野菇全進了垃圾桶。瑪麗的藤籃裝滿了梨子。「我們來烤蛋糕，一樣好吃。」凱文拿著牛奶罐說：「母牛瑪西的奶還是好喝。」帶了塑膠袋的雷昂說：「我最愛看星期天的體育報，而且我還買了賽車雜誌。」瓦許果老小活繃亂跳地回到家，廚房裡準備著梨子布丁，呼，他們得救了。

30
sept

梨子布丁
6人份

準備時間10分鐘
烹調時間40分鐘

4 顆西洋梨
150g 糖
4 顆蛋
30cℓ 牛奶
30cℓ 液態鮮奶油
1 湯匙玉米粉
1 湯匙白葡萄乾
1 湯匙杏仁片

梨子削皮後直剖成塊，切掉核。玉米粉放入冷牛奶中攪拌融化。打發蛋和糖，加入牛奶、液狀鮮奶油和玉米粉。將混合材料倒入活底蛋糕模，將梨子排成放射狀的花瓣圖案，撒上葡萄乾和杏仁片。放入烤箱，以 160℃烤 40 分鐘。

October

時令蔬果
葫蘆瓜
南瓜
紅蘿蔔
芹菜
韭蔥
洋蔥
牛肝菌
洋菇
新鮮香料
小皇后蘋果
果乾
香蕉
無花果乾

魚貝蝦蟹
鳥蛤
長鰭鮪魚片
鯛魚
油漬鰻魚

肉類及肉製品
野豬
鹿肉
雉雞
雞肉
羊肩肉
燉牛肉
牛頰肉
小牛腿
燻豬肩肉
豬肋排
烤小牛肉
帶油鴨肉、鴨油
西班牙辣香腸
煙燻培根
煙燻鴨胸肉

乳酪
帕瑪

精緻美食
蝸牛
阿柏里歐燉飯米
番茄糊
栗子泥

01 雷米
白酒燉野豬肉

02 列傑
薩米紅酒雉雞

03 傑哈
鹿肉丁

08 佩拉吉
反烤蘋果塔

09 德尼
南瓜濃湯

10 姬蓮
咖哩羊肉

15 泰瑞絲
熔岩焦糖蛋糕

16 賀薇芝
舒芙蕾烘蛋

17 依納絲
紅酒燉牛肉

22 愛蘿笛
番茄蝸牛

23 阿諾
燻豬肩肉佐韭蔥

24 佛洛鴻丹
南瓜燉飯

29 納西斯
乳酪鹹派

30 畢安佛律
鰻魚小牛肉

31 昆丁
自製油封鴨

04
芳妮

燻鴨胸筆管麵沙拉

05
佛思婷

白酒奶油鳥蛤

06
布魯諾

牛肝蕈燉飯

07
塞吉

紅蔥頭奶醬雞

11
佛爾曼

紅蘿蔔牛肉

12
威佛德

半熟鮪魚

13
傑賀

烤蘋果

14
塞麗絲特

燴牛膝

18
呂克

巴黎－布列斯特

19
蕾妮

烤鮪魚

20
阿德琳

烤小牛肉佐南瓜

21
塞琳娜

栗子焦糖布蕾

25
達麗亞

烤豬肋

26
迪米崔

綠檸檬生鯛魚片

27
艾密琳

蘋果塔

28
西蒙

凱薩沙拉

01 02 03 04

瑪麗 & 雷昂

砰！

10 月一到，所有動物都警覺得很，因為狩獵季節開始了。

應琵雅特和克勞德之邀，我們的好朋友瓦許果一家人到東南部去參觀鴿舍，好學習當地的狩獵之道。

他們躡手躡腳穿過樹林——注意，無聲無息是獵人的盟友；光線躲到樹木後面，這表示他們可以前進。鴿舍和樹叢遮蔭下的走道為他們開了大門。這地方是大孩子的藏身處，獵槍取代了玩具槍，飲料也由冷變溫。燒熱的爐火上煮著野豬肉，整個氛圍似乎就是要保證今天一定會很特殊。來點波爾多紅酒輕鬆一下，讓大家更進入情況吧，他們的開胃點心是野豬香腸，大夥兒搶著說話，狩獵活動準備正式開始了。

「瑪麗，到瞭望台去，去瞭解一下我們所謂的狩獵是怎麼一回事。」

瑪麗坐在鋪著黃褐色鼺鼠皮的椅子上，頭戴嶄新的迷彩帽，仔細聆聽本地人今天要教的課題。「妳一拉繩子，呼嚕呼嚕，鴿子就會過來了，呼嚕呼嚕，紅繩子帶動最上面的松木，板子一動，鴿子會開始揮翅膀，其他鴿子會被吸引過來，然後，砰！藍色繩子拉的下面的板子，噓，呼嚕呼嚕……」主人學鴿子的模樣，就像大導演歐迪雅（Audiard）片中的對話，精采萬分。

香腸，紅酒，燉野味，歌聲，他們再也沒辦法保持安靜了。這天唯一的屍體是酒瓶，鴿子覺得好笑，而獵槍也乾淨得很。

01 oct 白酒燉野豬肉*

6人份

準備時間30分鐘
浸漬時間24小時
烹調時間1.5小時

1.2kg 去骨的野豬肩胛肉
1 湯匙杜松子
6 條紅蘿蔔
4 瓣大蒜
50g 奶油
1 湯匙麵粉
3 湯匙巴薩米克醋
1ℓ 白葡萄酒
30cℓ 小牛肉高湯
200g 煙燻五花肉丁
6 顆洋蔥
2 湯匙蘭姆酒

烤爐預熱至180℃。野豬肉切成大小約略相等的50g肉塊。紅蘿蔔去皮切小段，洋蔥去皮切薄，大蒜去皮拍碎。將上述材料放進大鍋，加入白酒、蘭姆酒、預先壓碎的杜松子和巴薩米克醋。冷藏24小時。將肉從湯汁中取出來。以煎鍋將五花肉丁拌炒5分鐘，加入野豬肉塊炒5分鐘。將野豬肉放入燉鍋中，加熱，加入麵粉煮5分鐘。最後將浸漬用的醬汁、小牛肉高湯加入燉鍋中，調味。燉鍋加蓋放入烤箱中，以180℃烤1.5小時左右**。取出燉鍋，將80g奶油加入醬汁中，煮沸。

＊野豬肉吃起來口味怎麼樣？野豬的味道很重，深紅色的肉很硬。

＊＊怎麼判斷肉烤熟了沒有？用刀子戳，如果可以輕易穿過便表示肉烤熟了。

（◎譯註：列傑Léger，字意為「清淡」。）

02 oct 薩米*紅酒雉雞

6人份

準備時間20分鐘
烹調時間1小時

2 隻雉雞（真的雉雞，出生就會飛的那種）
3 枝韭蔥
2 條紅蘿蔔
4 顆洋蔥
1 束法國香草束
20cℓ 雞精
30cℓ 紅葡萄酒
50g＋80g 奶油
2 湯匙干邑白蘭地
1 湯匙麵粉
鹽及胡椒

＊薩米（salmis）是什麼意思？ 用紅酒烹調家禽或野味的作法。

＊＊清理雉雞： 把手伸進雞肚子裡拿出肺臟，留下雞肝和雞心。

＊＊＊怎麼壓？ 用缽杵或擀麵棍。

烤爐預熱 180℃。雉雞清理乾淨 ** ，抹上奶油，調味後烤 20 分鐘。紅蘿蔔、洋蔥去皮切丁。韭蔥切 2 段。取下雞腿、雞翅、雞胸肉，壓碎雞架 ***。將 50 奶油放入鍋裡加熱，加入麵粉煮 2 分鐘，與紅酒、白蘭地和雞精攪拌，再加入雞架、切碎的雞肝和雞心、蔬菜、香草束，小火燉煮 30 分鐘後調味。最後放入雉雞塊、韭蔥和80g 奶油煮沸即可。

04 oct 燻鴨胸筆管麵沙拉

6人份

準備時間10分鐘
烹調時間10分鐘

300g 筆管麵
1 根大頭蔥
150g 煙燻鴨胸肉
1 把櫻桃蘿蔔
3 湯匙 Viandox 牛肉汁 *
5 湯匙橄欖油
鹽及胡椒

＊牛肉汁是不是有些過時？ Viandox的基底是肉汁和香料，在大戰前很受歡迎。只是後來從餐廳走進了家中廚房。過時嗎？Viandox牛肉汁對美食而言，就像法國足球隊裡的明星！

將筆管麵放入大鍋加鹽沸水中煮 10 分鐘左右，撈起後立刻過冰水。大頭蔥白去皮切細。櫻桃蘿蔔切片。鴨胸肉切丁。混合 Viandox 牛肉汁和橄欖油。混合所有材料，調味（小心，牛肉汁本身已經有鹹味了）。

03 oct 鹿肉丁

6人份

準備時間1小時
烹調時間3小時

1kg 鹿肩胛肉 *
6 條紅蘿蔔
4 顆紅蔥頭
4 瓣大蒜
1 片月桂葉
3 根芹菜
100g 五花肉丁
1 湯匙麵粉
50g 小牛肉高湯
10cℓ 干邑白蘭地

＊如果沒有狩獵執照，要去哪裡找鹿肉？ 到所有的好肉舖都能買到當季野味，但最好是有個獵人朋友，用晚餐和他交換鹿肉。

紅蘿蔔去皮切小段，芹菜帶葉切細。大蒜、紅蔥頭去皮大致切碎。鹿肉切丁。以奶油拌炒鹿肉、五花肉丁、部份大蒜和紅蔥頭，加入干邑酒，燒去酒精。加入麵粉、月桂葉後繼續煮 5 分鐘。淋入小牛肉高湯，加入紅蔥頭、紅蘿蔔、大蒜、芹菜，蓋上鍋蓋以以小火煮 2 小時，期間需不時攪拌。上桌前調味，以叉子大致壓碎鹿肉。佐馬鈴薯泥享用。

05
oct

白酒奶油鳥蛤 🌙
6人份

準備時間20分鐘
烹調時間5分鐘

1kg 鳥蛤 *
100g 奶油
10cℓ 白葡萄酒
1 顆紅蔥頭
1 顆檸檬榨汁

以大量清水清鳥蛤，讓鳥蛤吐水吐沙 **。紅蔥頭去皮切碎。將白酒、紅蔥頭、檸檬汁放入鍋中煮沸後，繼續加熱到水分完全蒸發。放入 2 湯匙冷水和預先切塊的冷奶油，開大火，以打蛋器攪拌至醬汁材質濃稠且奶油完全融化。鳥蛤放入另一個鍋中以小火煮 5 分鐘，煮至開殼，期間需不時攪拌。上桌前，以白酒奶油當作鳥蛤的淋醬。

* 鳥蛤什麼季節才有？最好是冷一點的季節，但整年都買得到。

** 清洗，吐沙？鳥蛤通常多沙，最好是前一天先泡鹽水。

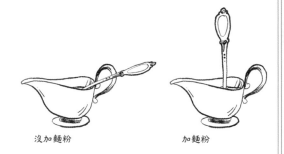

沒加麵粉　　　加麵粉

06
oct

牛肝蕈燉飯
6人份

準備時間15分鐘
烹調時間30分鐘

300g 阿柏里歐燉飯米 *
200g 新鮮牛肝蕈 **
20cℓ 白葡萄酒
30cℓ 雞架高湯
2 顆紅蔥頭
1/2 把龍蒿
4 湯匙橄欖油
50g 帕瑪森乳酪
鹽及胡椒

褐色蕈傘

象牙色蕈柄

不好　　　好

* 阿柏里歐燉飯米？產在義大利波河流域平原的圓米，澱粉含量高，適合燉煮，尤其是燉飯。

** 怎麼找好品質的牛肝蕈？牛肝蕈在6月開始長，秋季盛出。要挑結實；菇體小、象牙色蕈柄、褐色蕈傘的牛肝蕈。

牛肝蕈以溼布清理後切丁。紅蔥頭去皮切碎。在鍋裡加橄欖油，放入牛肝蕈和紅蔥頭拌炒 5 分鐘後，加入生米炒至半透明。淋入白酒，以小火煮 20 分鐘，期間不時淋入雞架高湯。上桌前，撒上大致切碎的帕瑪森乳酪和切碎的龍蒿。

07
oct

紅蔥頭奶醬雞
6人份

準備時間20分鐘
烹調時間55分鐘

1 隻雞
6 顆紅蔥頭
6 瓣大蒜
2 根迷迭香
1 束法國香草束
12 顆櫻桃番茄
1 杯波特白酒
40cℓ 液狀鮮奶油
1 湯匙麵粉
50g 奶油
鹽及胡椒

請肉販先把雞切成 8 塊：大腿、小腿、雞胸、雞翅。大蒜、紅蔥頭去皮對切。鍋裡放奶油，加入雞塊、紅蔥頭大蒜拌炒 5 分鐘後再加入麵粉 *。繼續煮 5 分鐘，淋入波特白酒，加入香草束和迷迭香。蓋上鍋蓋燉煮 30 分鐘。加入液狀鮮奶油、櫻桃番茄再煮 15 分鐘，調味。

* 麵粉有什麼作用？可以讓醬汁更濃稠。

瑪麗 & 雷昂

倒過來，正著放

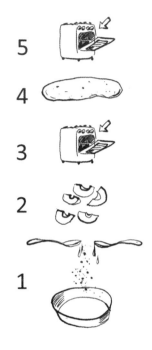

5

4

3

2

1

廚藝乏善可陳的瑪麗·瓦許果嫁給老饕雷昂之初，經常待在廚房，拿裡頭的各種工具做實驗。

對瑪麗來說，廚房是個奇特的世界，既怪異又充滿敵意。搗泥攪拌器看來就像第三代電腦，切菜機化身成複雜的戰鬥裝備。她想：「至少要拿到政治學位或商業學位，才能使喚這個宇宙。」她懂得不多，但也沒有因此挫敗，反而決定做個她親愛雷昂最愛的蘋果塔。

但問題是她把食譜看反了，竟然把塔皮鋪在蘋果上面……算了，不能浪費烤了半天的成果，我們趕快脫膜──這是為了掩飾差錯，讓蘋果面朝上，這塔看起來還算漂亮，總算修正成功……瑪麗抬頭挺胸，驕傲地把蘋果塔從廚房裡端出來，像在敲打戰鼓似地大聲說：「達－達－達達，上甜點嚕！！」

桌邊所有人都把焦點放在蘋果塔上，這真是太驚喜了。有個大家不太愛往來的表親問起作法（瑪麗當然沒辦法再做一次），還給這蘋果塔起個小名「達達」，美食界的神話由此誕生。然而直至今日，真相仍然未明。

如此這般，在廚房裡笨手笨腳的瑪麗，因此寫下了自己的歷史。

08
oct

反烤蘋果塔
6人份

準備時間20分鐘
烹調時間30分鐘

1kg 小皇后蘋果
150g 糖
100g 奶油
200g 千層派皮

蘋果削皮後直剖成塊。在活底蛋糕模裡放入糖和 2 湯匙水。以小火煮金黃色焦糖 *，加入奶油。排入蘋果塊，圓弧面朝下（面對焦糖），排緊（因為蘋果烘焙時體積會縮小）。放入烤爐，以 180℃烤 15 分鐘。將千層派皮擀成圓形（比蛋糕模的活底寬 5cm），蓋在蘋果上面，再放入烤爐繼續烤 15 分鐘。一拿出爐倒扣出蘋果塔 **。

＊金黃色焦糖？ 將糖煮至轉變為金黃色。

＊＊不會黏住嗎？ 必須在蘋果冷卻之前脫膜，免得黏住。

咖哩羊肉

09 oct 咖哩羊肉
6人份

準備時間20分鐘
烹調時間1小時45分鐘

1.2kg 去骨羊肩肉
6 條紅蘿蔔
4 顆洋蔥
4 顆番茄
6 瓣大蒜
1 束法國香草束
50g 腰果
50g 杏仁
50g 開心果
6 顆無花果乾
2 條香蕉
1/2 把芫荽
20cl 液狀鮮奶油
20cl 椰奶
2 湯匙咖哩粉
1 湯匙麵粉
50g 奶油
鹽及胡椒

＊ 怎麼取？用刀子切。

＊＊結塊？液狀鮮奶油容易分解，用攪拌器打一下，不會有人發現的。

＊＊＊為什麼香蕉要切片？擺盤比較漂亮。

取掉羊肉的油脂＊，切成大方塊。洋蔥、大蒜去皮，大致切碎。番茄切丁。紅蘿蔔切成小棍棒狀。以奶油拌炒羊肉塊，加入洋蔥、大蒜炒 5 分鐘，加入麵粉後煮 5 分鐘。淋入 1ℓ 水，加入番茄丁、咖哩、香草束，蓋上鍋蓋以小火燉煮 1 小時。加入乾果、紅蘿蔔、大致切碎的芫荽、鮮奶油、椰奶，打開鍋蓋煮 30 分鐘，調味。如果湯汁結塊＊＊，先拿出羊肉和蔬菜，以手持攪拌器攪拌。上桌前放入切片的香蕉＊＊＊。

10 oct 南瓜濃湯
6人份

準備時間20分鐘
烹調時間30分鐘

1.2kg 南瓜 ＊
3 顆洋蔥
2 湯匙糖
100g 奶油
120g 濃縮液狀鮮奶油
鹽及胡椒

＊用哪種南瓜煮湯比較好？印度南瓜非常合適。

葫蘆瓜去皮切大塊，洋蔥去皮切薄，一起放入鍋裡，加糖和蓋過材料的水，蓋上鍋蓋煮 30 分鐘。放入預先切丁的冷奶油打成濃湯，調味。上桌時在每碗湯淋上 1 匙鮮奶油。

11 oct 紅蘿蔔牛肉
6人份

準備時間20分鐘
烹調時間3小時

1.2kg 牛頰肉
1kg 紅蘿蔔
3 枝芹菜
3 顆洋蔥
1 茶匙孜然粉
50cl 好品質白葡萄酒
50cl 牛骨高湯
1 湯匙麵粉
1 束法國香草束
鹽及胡椒

＊牛頰肉哪裡特殊？纖維豐富，口感軟嫩，油脂分部也剛好。

＊＊為什麼燉了2小時後才放紅蘿蔔？紅蘿蔔煮1個小時就熟，而且才不會煮成紅蘿蔔泥。

切掉牛頰肉的油脂＊，對切。洋蔥去皮切薄。芹菜切碎。紅蘿蔔去皮切成小棍棒狀。將牛頰肉和洋蔥、芹菜、孜然粉放入鍋中，以奶油拌炒 10 分鐘。放入麵粉，煮 5 分鐘，淋入白酒和高湯，加入香草束，蓋上鍋蓋以小火燉煮 2 小時。放入紅蘿蔔＊＊，繼續燉 1 小時，調味。

12 oct

半熟鮪魚
6人份

準備時間20分鐘
烹調時間5分鐘

600g 長鰭鮪魚片
50g 西班牙辣香腸
2 顆番茄
3 枝大頭蔥白
4 瓣大蒜
1 湯匙完整的杏仁
10cℓ 橄欖油
鹽及胡椒

SPLACH

大蒜削皮切片，杏仁切片。辣香腸和番茄切丁，大頭蔥白切細。以橄欖油將鮪魚表面煎成金黃色，每面 1 分鐘即可 *。先拿出鮪魚。以煎鮪魚的煎鍋拌炒辣香腸和大頭蔥白、大蒜、杏仁，最後加入番茄丁，調味。再切片的鮪魚上放 1 湯匙辣香腸番茄。

✱鮪魚該怎麼烹調？
鮪魚在烹調過程中會失去水份，半生熟通常最恰當。

13 oct

烤蘋果
6人份

準備時間10分鐘
烹調時間20分鐘

6 顆蘋果（例如小皇后品種 *）
3 湯匙蜂蜜
80g 奶油
100g 杏仁片
2 湯匙蘋果干邑（calvados）
2 湯匙黑櫻桃果醬

烤爐預熱 180℃。蘋果削皮，用去核器去掉果核。奶油切成 6 塊，分別塞入 6 個蘋果心。蜂蜜和蘋果干邑混合均勻後淋在蘋果上，以 180℃ 烤 20 分鐘，期間不時舀起汁液澆淋蘋果。最後將黑櫻桃果醬淋在蘋果上，撒上杏仁片再烤 10 分鐘。

✱為什麼要選小皇后蘋果？這個品種口味濃郁而且耐烹煮。

14 oct

燴牛膝
6人份

準備時間20分鐘
烹調時間1至1.5小時

6 塊好品質小牛腿
6 顆洋蔥
2 瓣大蒜
6 顆番茄
3 條紅蘿蔔
2 杯白葡萄酒
1 片月桂葉
2 湯匙番茄醬
1 湯匙番茄糊
1 茶匙孜然粉
1 把扁葉巴西里
橄欖油
鹽及胡椒

洋蔥去皮切薄。大蒜去皮拍碎 *。在大燉鍋中放入橄欖油拌炒肉塊，加入洋蔥和大蒜，以白酒刮下鍋裡肉渣收醬汁。紅蘿蔔削皮切成圓片，番茄直剖成塊，和月桂葉、番茄醬、孜然粉和番茄糊一起加入鍋中，調味。加蓋以小火燉煮 1 小時，隨時注意肉的生熟度 **，若有需要可以拉長燉煮時間。撒上切碎的巴西里葉即可享用。

✱拍碎大蒜的技巧：用稍大的刀，以刀面壓碎蒜瓣。

✱✱怎麼判斷肉是否熟了？肉脫離骨頭，便是煮熟了。

沒有麵粉　　　　加了麵粉

15 oct

熔岩焦糖蛋糕
6人份

準備時間10分鐘
烹調時間10分鐘

150g 糖
80g 液狀鮮奶油
100g 薄鹽奶油
4 顆蛋
140g 麵粉
工具：
6 個小杯模
烤爐預熱至180℃。

將糖放入平底深鍋中，加 3 湯匙水，攪拌煮出焦糖。加入奶油和液狀鮮奶油煮 5 分鐘。放涼之後再加入雞蛋和篩過的麵粉。小杯模先抹上奶油和麵粉，倒入材料，放入烤爐以180℃烤 7 分鐘 * 後立刻脫膜。

＊理想的半熟是表面幾乎一觸即化。

16 oct

舒芙蕾烘蛋
6人份

準備時間10分鐘
烹調時間10分鐘

8 顆蛋
1 把蝦夷蔥
少許肉豆蔻
橄欖油
鹽及胡椒

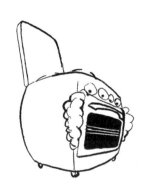

＊為什麼要用攪拌器打蛋汁？放入烤箱烘蛋時才會膨脹。

＊＊將煎鍋直接放入烤爐裡？鑄鐵煎鍋才可以！否則也可以改用派模。

蝦夷蔥剝去外層葉片，切碎。蛋汁以攪拌器 * 打 10 分鐘左右，加入蝦夷蔥和肉豆蔻，調味。橄欖油放入煎鍋加熱，倒入蛋汁。放入烤爐 ** 以180℃烤5至7分鐘。出爐即可享用。

17 oct

紅酒燉牛肉
6人份

準備時間20分鐘
烹調時間2.5小時

1.2kg 燉牛肉用的部位，例如肩胛肉
200g 煙燻豬五花肉
300g 新鮮洋菇
3 顆洋蔥
4 瓣大蒜
1 湯匙麵粉
50cl 隆河谷地的紅葡萄酒
50g 小牛肉高湯
50g 奶油
1 束法國香草束
1 枝迷迭香
鹽及胡椒
烤爐預熱至 160℃。

煙燻五花肉切成大丁。洋蔥去皮切薄。大蒜去皮拍碎。牛肉切成大約 60g 的肉塊。燉鍋中放入奶油拌炒牛肉塊、五花肉丁、大蒜、洋蔥，5分鐘後加入麵粉 *，再繼續煮 5 分鐘，淋入紅酒和小牛肉高湯，加入香草束和迷迭香。加蓋放入烤爐，以160℃烤 2 小時。接著加入洋菇，再次加蓋烤 1 小時至牛肉軟嫩。調味。

＊為什麼要放麵粉？可以讓醬汁濃稠。

瑪麗 & 雷昂

巴黎－布列斯特，
580公里

廚藝乏善可陳的瑪麗‧瓦許果沒嫁給老饕雷昂之前經常做白日夢，夢裡全是她的白馬王子阿波羅。

沒錯，把巴黎當作自己家鄉的瑪麗和她熱愛布列塔尼的雷昂太少見面。當時的郵政沒辦法及時傳遞這對戀人火辣辣的情書。他們在復活節才收到對方的新年賀卡，到了聖誕節才知道彼此在夏天做了什麼事。這些訊息來得太慢，新鮮度宛如8月中市場收市時的食材。

瑪麗實在無法忍受，愛情讓她食不下嚥，雷昂是她的真理，布列斯特是她的命運。

靠著一輛腳踏車、一雙讓所有抗靜脈屈張絲襪都為之臉紅的小腿，加上三個備用車胎，瑪麗蓄勢待發，決心去和她心之所愛會合。「看好了，雷昂，我就要到了！」腳踏幾輪之後，布列塔尼敞開雙臂迎接她，而瑪麗的「心之所愛」也成了她的「快樂泉源」。巴黎－布列斯特果然值得等待。

一道以環形冠冕為造型，特別獻給重逢戀人的甜點由此誕生（瑪麗千辛萬苦踩著腳踏車來和愛人相見，我們向輪胎致上最高敬意），我們因而這道點心命名為：巴黎－布列斯特。

透過這道甜點，廚藝平平的瑪麗留下了傳頌後代美名。

18 oct

巴黎－布列斯特
6人份

準備時間30分鐘
烹調時間20分鐘
泡芙皮部分：
400g 泡芙麵糊
1 個蛋黃
50g 杏仁片
糖粉
焦糖杏仁薄片部分：
100g 糖
50g 杏仁片
榛果奶醬部分：
8 個蛋黃
150g 糖
150g 奶油
100g 榛果醬
工具：
擠花袋

烤爐預熱至180℃。以擠花袋將備好的泡芙皮材料在烤紙上擠圈環，在上面塗抹蛋黃液，撒杏仁片，以180℃烤20分鐘。取出環形冠冕放涼。在1張烤紙上抹油。以100g糖煮焦糖，加入杏仁片，將焦糖杏仁薄片放在抹過油的烤紙上放涼。圈環橫剖開。以150g糖放入3湯匙水中煮融＊。蛋黃與蛋白分開。在蛋黃中加入少許糖水，攪拌至變涼。接著加入軟化的奶油和榛果醬。以擠花袋將榛果奶醬擠在杏仁薄片上，以圈環上下蓋住，再撒上糖粉。

＊糖水該煮到什麼程度？以叉子試濃稠度，會拉絲即可。

19
october

烤鮪魚

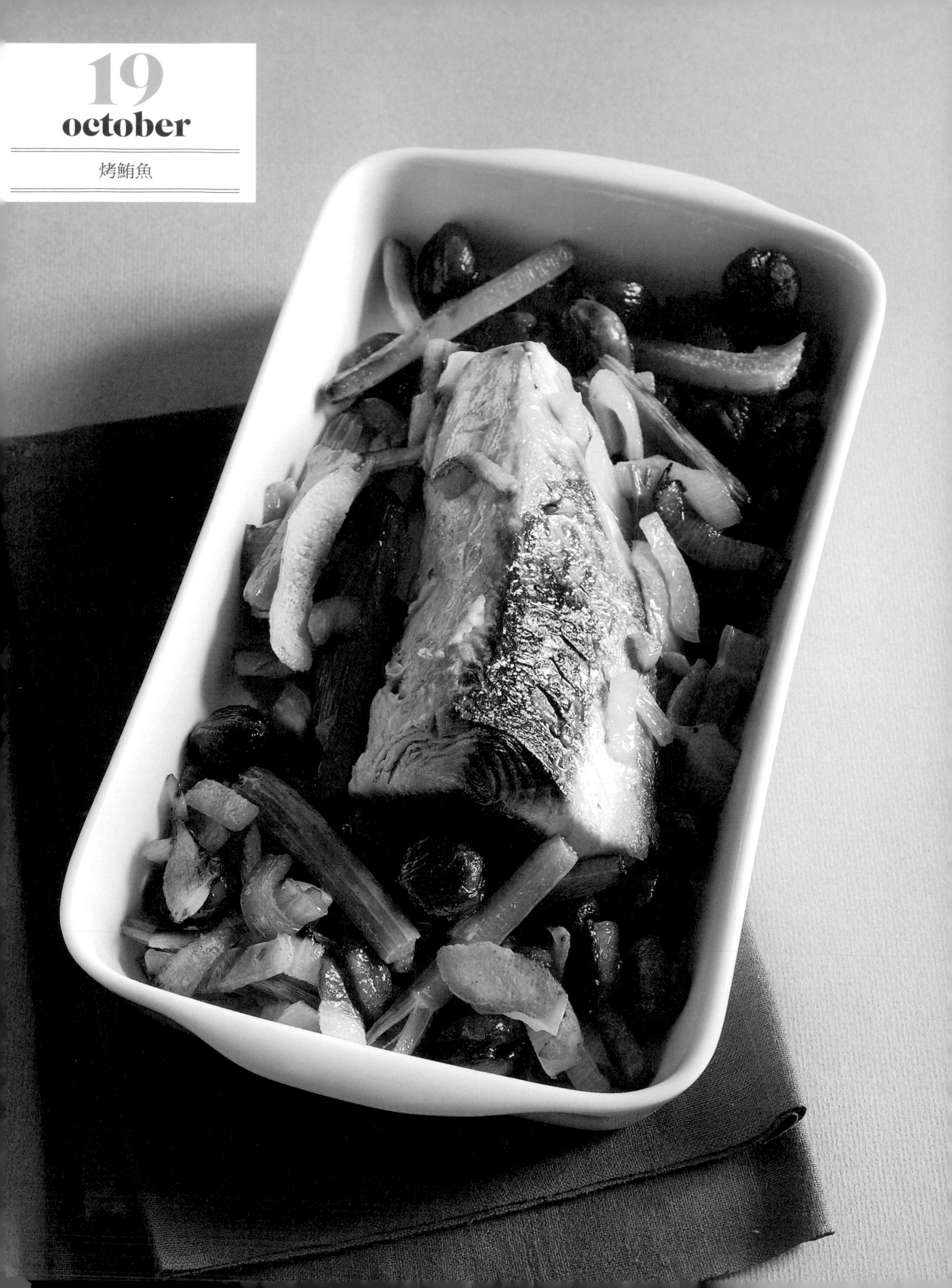

19 oct

烤鮪魚
6人份

準備時間20分鐘
浸漬時間12小時
烹調時間20分鐘

800g 長鰭鮪魚（這個品種的鮪魚沒有絕種之虞！）
3 顆洋蔥
300g 芹菜
300g 真空包裝栗子
1 茶匙白豆蔻粉
1 顆柳橙
10cℓ 橄欖油
鹽及胡椒
烤爐預熱至 180℃。

前一晚先將柳橙刨絲榨汁，和白豆蔻粉混合後塗抹在鮪魚片上，以保鮮膜包起放入冰箱冷藏 12 小時。芹菜剝去粗絲＊後切段。洋蔥去皮切薄，以橄欖油拌炒 5 分鐘後再加入芹菜段、栗子，繼續煮 5 分鐘。把鮪魚片放在烤盤上，蔬菜擺在旁邊，放入烤爐以 180℃烤 10 到 15 分鐘 依個人喜好的生熟度而定），調味。

＊怎麼剝？用刀子挑剝掉粗絲之後，吃起來比較嫩。

21 oct

栗子焦糖布蕾
6人份

準備時間10分鐘
烹調時間45分鐘

80cℓ 液態鮮奶油
150g 栗子泥（例如 Faugier 品牌）
8 個蛋黃
100g＋50g 紅砂糖
工具：
6 個小杯模
烤爐預熱至 120℃。

蛋黃加 100g 紅糖＊、液狀鮮奶油、栗子醬打勻。將栗子奶醬倒入杯模中，隔水以 120℃烤 45 分鐘。放涼後撒上紅砂糖以噴槍烤焦，立即享用。

＊ 為什麼要用紅砂糖？因為香氣獨特。

20 oct

烤小牛肉佐南瓜
6人份

準備時間20分鐘
烹調時間1小時

1 塊 1.2kg 烤小牛肉
4 顆洋蔥
1 顆 400g 南瓜
1 湯匙普羅旺斯香料
1 茶匙芫荽籽
1 片月桂葉
1 杯白葡萄酒
40g＋80g 奶油
鹽及胡椒

烤爐預熱至 180℃。洋蔥去皮切薄。小牛肉放入燉鍋中以 40g 奶油將表面煎成金黃色後，加入洋蔥、普羅旺斯香料、芫荽籽和月桂葉。淋入少許白酒，蓋上鍋蓋放入烤爐烤 30 分鐘，期間不時以剩下的白酒澆淋小牛肉。調味。南瓜不削皮，直剖成塊，放在肉的旁邊，蓋上蓋子繼續烤 30 分鐘，期間不時舀起烤肉湯汁澆淋。將小牛肉從燉鍋中取出來，放在盤子上以鋁箔紙蓋住，放置 5 分鐘後再擺入南瓜和洋蔥。烤肉醬汁中加入 80g 奶油，煮沸時一邊攪拌＊。

＊煮沸時一邊攪拌？讓醬汁和奶油乳化融合，質感會更濃密。

22 oct

番茄蝸牛

6人份

準備時間10分鐘
烹調時間10分鐘

36 個罐裝勃艮地大蝸牛
3 顆番茄
1 枝韭蔥
3 顆洋蔥
6 瓣大蒜
1 把龍蒿
1 杯白葡萄酒
1 湯匙茴香酒
50g＋50g 奶油
鹽及胡椒

番茄汆燙過後去皮切丁。洋蔥、大蒜去皮切薄。摘下龍蒿葉，韭蔥的蔥白和 1/3 蔥綠 * 切細。以 50g 奶油小火拌炒洋蔥、韭蔥和大蒜。加入蝸牛肉，淋入白酒與茴香酒，以小火煮 10 分鐘之後再加入番茄、50g 奶油和龍蒿，煮沸，調味。

＊蔥綠有什麼特別作用嗎？可以帶來色彩及口感，蔥綠的口感比蔥白稍韌。

23 oct

燻豬肩肉佐韭蔥

6人份

準備時間20分鐘
烹調時間1.5小時

1 塊燻豬肩肉
6 枝韭蔥
1 顆塞 3 顆丁香的洋蔥
1 束法國香草束
50g 奶油
50g 麵粉
1 湯匙磨碎辣根
20cl 液狀鮮奶油
鹽及胡椒

缺

烤爐預熱至 180℃。韭蔥對切，以大量清水沖洗。以大鍋水煮燻豬肩肉 *、塞丁香的洋蔥和香草束。加入韭蔥，燉煮 1 小時 15 分鐘。取出高湯中的豬肉，切片，放在烤盤上。以平底鍋加熱融化奶油，加入麵粉，煮 2 分鐘後加入 30cl 煮豬肩肉的高湯，再煮 5 分鐘收湯，接入液狀鮮奶油和磨碎辣根，調味。將煮熟的韭蔥蓋在豬肉片上，淋入辣根鮮奶油，撒麵包屑，放入烤爐以 180℃烤 10 分鐘。

＊這個步驟有什麼作用？豬肩肉會很軟嫩。

24 oct

南瓜燉飯

6人份

準備時間10分鐘
烹調時間25分鐘

300g 阿柏里歐燉飯米
200g 南瓜
20cl 白葡萄酒
3 顆紅蔥頭
30cl 蔬菜高湯
50g 帕瑪森乳酪
4 湯匙橄欖油
鹽及胡椒

紅蔥頭去皮切薄，南瓜切小方塊 *。放入鍋中以橄欖油拌炒 5 分鐘。加米，煮至半透明後淋入白酒。以小火燉煮 20 分鐘，期間不時添加蔬菜高湯，最後加入大致切碎的帕瑪森乳酪，調味。

＊南瓜要去皮嗎？沒必要，因為南瓜皮會煮軟。

25 oct 烤豬肋

6人份

準備時間10分鐘
烹調時間2小時

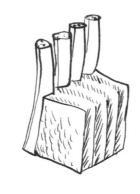

1 塊豬肋排
3 片稍厚的煙燻培根
1 把小紅蘿蔔
3 顆紅蔥頭
1 把百里香
10cℓ 橄欖油
鹽及胡椒
烤爐預熱至 150℃。

紅蔥頭去皮對切。以烤盤直接油煎豬肋排 * 至表面呈金黃色，用鋁箔紙包起 **，以 150℃ 烤 1 小時，期間不時拆開以烤肉湯汁澆淋肋排（若有需要可以加入少許水）。加入紅蔥頭、百里香、小紅蘿蔔和煙燻培根後再次以鋁箔紙包起，繼續烤 1 小時，期間仍須補充水份。調味。

* 豬肋排多大塊？4支相連的肋骨。

** 為什麼要用鋁箔紙包起來？受熱比較均勻。

26 oct 綠檸檬生鯛魚片

6人份

準備時間20分鐘

6 條鯛魚
2 顆綠檸檬
12 片薄荷葉
3 湯匙橄欖油
3 湯匙醬油
1 湯匙魚露
2 根大頭蔥白
粗磨胡椒粒
鹽之花

用鑷子夾出魚骨。刀子切入魚皮與魚肉之間，以片燻鮭魚的方式 * 片下鯛魚片，鋪在盤子上。刨下 1 顆檸檬的皮絲，2 顆檸檬皆榨汁。混合檸檬汁、醬油、魚露與橄欖油，淋在魚片上。撒上切成小圈的大頭蔥白，加入嫩薄荷葉，調味 **。

* 這是什麼意思？從魚頭往魚尾方向片下魚肉。

** 什麼時候吃？根據個人口味不同，可以立刻享用，也可以先浸漬在檸檬汁裡。

27 oct 蘋果塔

6人份

準備時間20分鐘
烹調時間20分鐘

6 顆青蘋果（老奶奶史密斯）
1 片千層派皮
50g 粗粒小麥粉（中等顆粒）
50g 烘焙用杏仁粉
50g 奶油
50g + 50g 紅砂糖
烤爐預熱至 180℃。

攤開千層派皮，在烤紙撒上 50g 紅砂糖 * 再鋪上派皮。蘋果削皮對切，取掉果核後切薄片。用叉子在派皮上戳洞，加入粗粒小麥粉 ** 和杏仁粉。將蘋果片排列出放射花瓣狀。將奶油融化後抹在蘋果塔上，撒紅砂糖。放入烤爐以 180℃ 烤 15 分鐘，將烤爐設定為燒烤功能後再烤 5 分鐘。蘋果塔放涼，讓焦糖硬化。

* 有什麼作用？派皮會有焦糖香。

** 粗粒小麥粉有什麼作用？吸收過多的蘋果汁，派皮才不會濕軟。

28 oct

凱薩沙拉
6人份

1 棵新鮮漂亮的蘿蔓心
（蘿蔓心通常都很漂亮）
24 片油漬鯷魚
1/3 條法國麵包
3 瓣大蒜
80g 帕瑪森乳酪
5 湯匙橄欖油
3 片雞胸肉
1 杯牛奶

大蒜去皮切碎。雞胸肉切條，放入
混合了 1 杯牛奶和 30cℓ 水的鍋中
煮 *5 分鐘。麵包切丁，與切碎的大
蒜和 2 湯匙橄欖油混合後烤 15 分
鐘，將麵包屑烤出金黃色。1/2 鯷魚
和 1/2 帕瑪森乳酪、3 湯匙橄欖油、
3 湯匙水打成泥。切開蘿蔓心。鯷魚
乳酪橄欖油醬汁為剩下的 1/2 鯷魚
調味。在蘿蔓心上擺削片的另外 1/2
帕瑪森乳酪、麵包丁、雞肉和鯷魚。

✱ 為什麼？如此一
來，雞肉顏色會很
白，而且帶有乳脂口
感。

29 oct

乳酪鹹派
6人份

準備時間15分鐘
烹調時間20分鐘

200g 吃剩的乳酪 *
200cℓ 液狀鮮奶油
2 顆蛋
50g 完整的核桃仁
少許肉豆蔻
1 張塔皮

烤爐預熱至 180℃。將星期天中
午吃剩的綜合乳酪切塊，下午你
們 邊 看 米 歇·杜 魯 克（Michel
Drucker）主持的綜藝節目邊睡覺
的時候，這些乳酪全擺在桌上。混合
蛋汁、液狀鮮奶油和少許肉豆蔻。攤
開塔皮，撒上乳酪塊和核桃仁，淋入
奶醬，放入烤爐以 180℃ 烤 20 分鐘。

✱綜合乳酪有哪些組
合？混合藍紋乳酪、
硬質乳酪、白黴乳
酪。

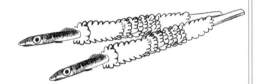

30 oct

鯷魚小牛肉
6人份

準備時間20分鐘
烹調時間15分鐘

6 塊小牛肉
24 片油漬鯷魚
少許芝麻菜
50g 辣香腸
4 顆番茄
6 枝大頭蔥白
50g 奶油
4 湯匙橄欖油
胡椒

以刀尖在每塊小牛肉上切縫，塞進
鯷魚，每塊肉塞 3 尾鯷魚 *。大頭蔥
白切成 4 段，大蒜去皮切薄，番茄
和辣香腸切丁。以橄欖油起油鍋拌
炒大頭蔥白，加入大蒜、辣香腸、剩
下的鯷魚和番茄。煮 5 分鐘後加入
芝麻菜，再繼續煮 5 分鐘。煎鍋放
奶油將小牛肉煎至 7 分熟（180g 的
肉塊大約煎 7 到 8 分鐘）。搭配的
蔬菜裝盤時放在小牛肉周邊。不必
加鹽，因為鯷魚本身有鹹度，讓每
個人依喜好自行調味。

✱ 怎麼塞？以刀尖在
小牛肉上截孔，塞入
鯷魚，要塞深一點。

瑪麗 & 雷昂

幸福綻放的角落

法國西南地區的好戲上場了，攤位上擺滿了鴨肉，瓦許果一家人到佩里格去拜訪露意絲阿姨。

先是餵小鴨的時間。「這些小鴨搖搖晃晃地擠來擠去，看來好像被殺人鯨嚇到的魚群。」對露意絲阿姨來說，這景象還真美！「看看那隻小鴨一身白，只有屁股上長了撮黑羽毛，好——可——愛啊，好想一把抱起來，我愛死鄉下了，這地方好……該怎麼說呢……好綠……」大一點的幾隻鴨子走到遠一點的水塘邊。「看牠潛到水下的樣子，兩隻腳冒在水面上，太神奇了，然後一下又冒出來，真逗趣！」「快，趕快拍照，我不是說我們要去別的地方嗎？」大一點的鴨子養在封閉的小空間裡。「牠們要關三個星期，不能出去……」「露意絲阿姨，這條長長的管子是要灌食用的，插進鴨子的……」「別在這裡逗留，凱文，出去找小鴨子玩。」。他們來到和手術室一樣潔白乾淨的實驗室。「這裡超乾淨的，阿姨，妳在做什麼？為什麼要把鴨頭塞進洞裡，手上還拿著刀？等等！」「雷昂，快去關門，凱文搞不好會回來。可憐的鴨子，嗚嗚！牠會痛嗎？幫凱文留幾支羽毛當紀念品……」

兩個小時之後。

「阿姨，妳做的油封鴨太好吃了，鴨頸腸棒透了，鴨胸煎得剛好，正好是我們最愛的七分熟。啊！鄉下嚐起來果然別有風味啊！」

31 oct

自製油封鴨

6人份

準備時間30分鐘
放置24小時
烹調時間2小時

1隻油脂豐富的鴨子（或鴨腿）
500g 鴨油
2湯匙粗磨胡椒粒
2湯匙普羅旺斯香料
2湯匙粗鹽

切下 * 鴨腿片下鴨胸，蓋上粗鹽、胡椒和普羅旺斯香料。以保鮮膜包起，放入冰箱冷藏 24 小時。隔日以水清洗鴨肉，用紙巾擦乾。鴨油加熱，放入切塊的鴨肉，以小火（低於100℃）煮 2 小時。鴨肉應保存在鴨油當中 **。

＊切成大腿、小腿、帶翅的鴨胸肉。

＊＊怎麼保存？保存在鴨油中，放置冰箱冷藏，鴨肉可以保存數個月。

This month

時令蔬果
南瓜
甜菜
花椰菜
馬鈴薯
蘋果
法國白豆
番茄
芹菜
蒔蘿
紅蘿蔔
洋菇
蕪菁
茴香

魚貝蝦蟹
魟魚
鮭魚
小管

肉類及肉製品
雞肉
小牛腰子
小牛頭肉
烤牛肉
豬里脊
烤豬肉
珠雞
鴿肉
血腸
豬肋排
豬腳
土魯斯香腸
莫爾托香腸
油封鴨
牛絞肉
羊脛腱肉
生火腿
牛肚
羊頸肉

乳酪
康堤

精緻美食
杜松子果
普宜地區特產綠色小扁豆

November

01 卡珊德菈	02 索蓮	03 于博
焗烤南瓜	墨汁小烏賊	布列塔尼法爾布丁
08 喬佛瓦	09 堤奧鐸	10 雷昂
黑血腸佐馬鈴薯	焦糖豬肋	白豆鴨腿鍋
15 阿爾博	16 瑪格麗特	17 依麗莎白
生火腿小點	半熟鮭魚	新鮮牛肚
22 西西兒	23 克雷蒙	24 佛蘿拉
烤豬腳	小牛頭肉	小牛腰子
29 薩圖南	30 安德列	01
蔬菜鮭魚湯	自己煮義大利麵餃	

04
夏赫爾

烤牛肉佐甜菜

05
西爾薇

芥末豬里脊

06
貝兒堤

烤珠雞佐花椰菜

07
卡琳

鴿肉佐麵包

11
馬丹

牛肉塔吉鍋

12
克里斯提昂

紅蘿蔔湯

13
布里斯

雪山蛋白霜

14
席朵妮

烤羊腱

18
歐德

紅酒醬雞蛋

19
譚吉

烤豬肉

20
艾得蒙

燴羊肉

21
傑拉斯

小扁豆薄鹽肉

25
凱瑟琳

蔬菜雞肉湯

26
戴爾芬

炸馬鈴薯

27
莎佛琳

北歐醃漬鮭魚

28
賈各

酸豆魟魚翼

02 03 04 05

瑪麗 & 雷昂

哈囉，喂喂喂……

廚藝乏善可陳的瑪麗·瓦許果在嫁給老饕雷昂之初，最討厭的就是10月、11月這段悲涼又無聊的時間。

美麗的夏日已成過去，而聖誕節還很遙遠。時光流動緩慢，她坐在小螢幕前看著一部部電影，在她眼裡，這些片子幾乎全都一樣。但是她該怎麼掃除陰霾呢？「到瑞庫特去度個週末可以轉換心情，而且離家又近。」「但未免太貴了，不如花10萬塊去買日曬機！」這雷昂小氣到無可救藥，「拜託，我們別吵架！」電視真是毀人心智！

辦個化妝舞會好了，這可以在單調的秋天帶來變化。「我們需要色彩、活力和陽光。」「我們需要的是說說笑笑和好心情。」「妳真的愛說笑，親愛的瑪麗，妳怎麼會想辦個讓我們不得不關掉電視的活動！」瑪麗把雷昂的話當作耳邊風，像是進入牌局決賽一樣地充滿決心，動手裝飾布置，把葫蘆瓜、南瓜都刻成了燈籠，讓家裡充滿豔麗溫暖的色彩。瑪麗準備把自己打扮成女巫，惡作劇、開玩笑。她心情好得不得了。發出邀請函之後，電話開始響了。「哈囉，對，要辦派對……哈囉，是的，非常歡迎……哈囉，你們能來，那太好了……哈囉這個哈囉那個……」雷昂也跟著玩了開來，派對很成功，餐點非常有水準，要吃牛肚要吃鱒魚都有。當然葫蘆瓜和南瓜也不能浪費，隔天成了焗烤蔬菜。這天晚上，喬治表哥也出席了這場美國風盛會，真是太成功了！

萬聖節於是誕生，每年都一樣「不給糖就搗蛋！」

如此這般，在廚房裡笨手笨腳的瑪麗，因此留下了美名。

01 nov

焗烤南瓜
6人份

準備時間20分鐘
烹調時間45分鐘

1 顆 1.2kg 南瓜
3 顆洋蔥
20cl 液狀鮮奶油
4 顆蛋
1 茶匙肉豆蔻
1 湯匙紅砂糖
鹽及胡椒

烤爐預熱至180℃。南瓜去籽*，切丁。洋蔥去皮切薄。南瓜、洋蔥放入大鍋沸水中煮 30 分鐘。南瓜滴乾後，和蛋、液狀鮮奶油打成泥，加入肉豆蔻，調味。將南瓜泥放入烤盤，撒上一層紅砂糖。放入烤爐以 180℃ 烤 20 分鐘。

✱南瓜不削皮嗎？南瓜皮有栗子的香味，千萬別削。

02 nov

墨汁小烏賊

6人份

準備時間30分鐘
烹調時間20分鐘

1kg 小烏賊
12 瓣大蒜
50g 白葡萄酒
30cl 液狀鮮奶油
3 湯匙花枝黑汁 *
3 湯匙橄欖油
胡椒

小管清理乾淨，取掉透明長軟骨，留下小管身和觸角。大蒜去皮切碎。以 3 湯匙橄欖油起油鍋，大蒜拌炒 5 分鐘之後再放入小管，煮 20 分鐘。以白酒刮下殘渣收成醬汁，加入花枝黑汁煮 10 分鐘。加入液狀鮮奶油後再煮 10 分鐘。撒胡椒。

＊花枝黑汁容易買到嗎？找魚販就買得到。黑汁可以讓醬汁顏色更深，而且有濃濃的海味。

03 nov

布列塔尼法爾布丁 *

6人份

準備時間10分鐘
放置1小時
烹調時間1小時

250g 麵粉
200g 糖
5 顆蛋
50cl 牛奶
30cl 液狀鮮奶油
10cl 蘭姆酒
200g 棗子乾

美國西部

法國西部：布列塔尼

烤爐預熱至 180℃。棗子乾去核，放入加了蘭姆酒的熱水中浸泡 1 小時。混合糖、蛋，加入篩過的麵粉，再加牛奶、液狀鮮奶油，混合均勻。將混合材料倒進預先抹了奶油的慕斯圈或活底蛋糕模中，放入去核棗子。以 180℃烤 1 小時左右（依模具不同，烘烤時間也會不同）。放涼享用。

＊法爾塔（far）這個名字怎麼來的？far這個字最早是蕎麥的穀片粥，現在指的是棗子乾或葡萄乾甜點。

04 nov

烤牛肉佐甜菜

6人份

準備時間20分鐘
烹調時間20分鐘

1 塊 1.2kg 烤牛肉
6 塊生的甜菜根
6 枝大頭蔥白
1 湯匙小茴香籽
1 把扁葉巴西里
80g 奶油
4 湯匙葵花籽油
鹽及胡椒

甜菜去皮切塊。大頭蔥白對切。扁葉巴西里大致切碎。烤盤 * 放 40g 奶油和 2 湯匙葵花籽油，將牛肉表面煎成金黃色後，直接放入烤爐以 160℃烤 15 分鐘，將牛肉烤成 3 分熟。煎鍋放剩下的奶油和 2 湯匙葵花籽油，放入甜菜、洋蔥、小茴香籽拌炒 10 分鐘左右。拿出烤牛肉，放置 5 分鐘。將甜菜拌入烤牛肉的湯汁中，加入扁葉巴西里，調味。

＊烤盤可以直接放在明火上嗎？金屬烤盤才可以。

05
nov

芥末豬里脊
6人份

準備時間20分鐘
烹調時間20分鐘

6 條豬里脊
6 根扁葉巴西里
20cl 白葡萄酒
30cl 液狀鮮奶油
50g 奶油
1 湯匙麵粉
2 湯匙莫城芥末
3 顆洋蔥
葵花籽油
鹽

烤爐預熱至 180℃。煎鍋放少許油煎里脊肉，每面煎 3 分鐘後放在烤盤上。洋蔥去皮切薄，蓋在里脊肉上。鍋子加熱融化奶油，加入麵粉煮 2 分鐘。倒入白酒和液狀鮮奶油煮沸 *，加芥末，以鹽調味。將醬淋在烤盤的里脊肉上，放入烤爐烤 15 分鐘。最後撒上切碎的巴西里。

＊鮮奶油為什麼要煮沸？讓鮮奶油和白酒、麵粉充分融合。煮沸可以讓醬汁更濃稠，成為白醬。

06
nov

烤珠雞佐花椰菜
6人份

準備時間20分鐘
烹調時間45分鐘

1 或 2 隻珠雞肉
1 顆花椰菜
3 顆洋蔥
200g 煙燻五花肉丁
1 湯匙杜松子
1 茶匙孜然
10cl 橄欖油
鹽及胡椒

烤爐預熱至 180℃。珠雞切成 6 塊：大腿、小腿、翅膀。肉塊抹上橄欖油，調味放在烤盤上。花椰菜切成小花束狀。洋蔥去皮切薄。混合花椰菜、洋蔥、五花肉丁，加入 2 湯匙橄欖油擺在珠雞周邊。撒上孜然和壓碎的杜松子。放入烤爐烤 45 分鐘。期間不時攪動花椰菜，讓蔬菜浸漬烤珠雞的肉汁。

07
nov

鴿肉佐麵包
6人份

準備時間20分鐘
烹調時間20分鐘

3 隻鴿肉 *
2 顆紅蔥頭
20cl 法國南部班紐斯（banyuls）產區的偏甜紅葡萄酒
2 湯匙干邑白蘭地
1 湯匙巴薩米克醋
50g + 50g 奶油
12 切片法國麵包
鹽及胡椒

烤爐預熱至 180℃。取出鴿子內臟，鴿肝、鴿心切碎。以深鍋加熱融化奶油，將鴿肉表面煎成金黃色，放入烤爐烤 5 分鐘。加入干邑白蘭地，點火稍掉酒精。鴿肉去骨 **，將拍碎的骨架放回深鍋裡，加入紅蔥頭、切碎的鴿肝和鴿心，淋入班紐斯紅葡萄酒，加入巴薩米克醋繼續煮，將湯汁收至 1/2。拿出鴿骨，加入 50g 冷奶油，以打蛋器攪拌，調味。鴿肉放在爐前回溫。在每片麵包上方少許煮過的紅蔥頭和 1 塊鴿肉，淋上醬汁。

＊肉舖就買得到鴿肉嗎？鴿肉很容易買，但最好事先預定。

＊＊去骨簡單嗎？怎麼做？鴿肉去骨的方式和雞肉一模一樣，先撕下大腿、小腿，接著是帶翅膀的胸肉。

08 nov

黑血腸佐馬鈴薯

6人份

準備時間15分鐘
烹調時間15分鐘

1kg 黑色血腸
6 顆馬鈴薯（例如 BF15 品種）
3 顆青蘋果（例如老奶奶史密斯品種）
100g 真空包裝栗子
2 顆紅蔥頭
40g＋40g 奶油
2 湯匙葵花籽油
1 茶匙肉桂粉
鹽及胡椒

✽ **如何避免腸衣爆開？怎麼知道血腸熟了沒有？**血腸買來時已經煮熟了，只要加熱就好。以小火加熱，免得腸衣爆開（反正我們不吃腸衣，但別緊張，裡頭的料好就夠了！）

蘋果、馬鈴薯去皮切塊。紅蔥頭去皮切薄。用不沾鍋以奶油和葵花籽油將馬鈴薯和紅蔥頭煎 10 分鐘左右。加入蘋果塊、栗子，繼續拌炒 5 分鐘，撒肉桂粉，調味。血腸放入加少許奶油的煎鍋中慢慢加熱 ✽。立即享用。

09 nov

焦糖豬肋

6人份

準備時間20分鐘
烹調時間1小時

1 塊 1.2kg 豬肋
1 束法國香草束
2 湯匙蜂蜜
2 湯匙波特白葡萄酒
1 茶匙小茴香籽
1 茶匙孜然
1 茶匙粗磨胡椒
鹽

✽ **豬肉為什麼要先煮過？**肉不易熟，事先煮過，燒烤時比較不費事，而且肉質更軟嫩。

烤爐預熱至 180℃。將豬肋和香草束放入大鍋沸水中煮 45 分鐘 ✽，滴乾水份。在豬肋較肥的表面以刀子劃出格紋。蜂蜜和波特白酒、小茴香籽、孜然拌勻，加入粗磨胡椒。將蜂蜜白酒香料醬汁淋在有切痕的豬肋面之後，放入烤爐，以燒烤模式、180℃烤 15 分鐘左右，期間不時舀起肉汁澆淋在豬肋上。

10 nov

白豆鴨腿鍋 ✽

6人份

準備時間20分鐘
浸泡時間24小時
烹調時間3小時

6 隻油封鴨腿
6 條土魯斯香腸
6 片煙燻五培根
600g 法國白豆
6 顆洋蔥
6 瓣大蒜
4 顆番茄
2 湯匙番茄濃縮汁
3 湯匙鴨油
鹽及胡椒

✽ **你對白豆鍋有什麼看法？**多著了，比方……嘆……哺……這是真的（懂我意思吧）。這道菜適合朋友聚餐分享，前一天預先準備，一餐光這道白豆鍋就夠了。把白豆鍋放在桌子中間，大家喝酒、唱歌（要先複習歌手努加羅Nougaro的名曲「土魯斯」），這麼一來，當天晚上就不必忙著進出廚房。

前一晚事先將白豆浸泡在大鍋水中。洋蔥去皮切薄，大蒜去皮拍碎。以大燉鍋加熱融化鴨油，放入大蒜、洋蔥、白豆，加水（份量為其他材料的 2 倍），加入預先切碎的番茄、番茄濃縮汁、香腸、培根，以微火燉煮 2 到 3 小時，至白豆燉軟。調味。以烤箱將鴨腿加熱，放入白豆鍋中。立刻享用。

瑪麗 & 雷昂

沙漠的甜點

廚藝乏善可陳的瑪麗‧瓦許果嫁給老饕雷昂之初，一天到晚幻想著異國的壯闊美景和不同的文化。

像法國麵包一樣的好傢伙雷昂（呃，我也不知道像法國麵包會是什麼德行，但我們時間有限，暫且不追究）決定參加旅行團，帶著興高采烈的瑪麗到摩洛哥去。瑪麗覺得置身他方，所有的影像、聲音、氣味，甚至人的笑容都不一樣。飄盪在空氣中的和善氛圍宛如披在她纖細肩頭的絲巾，她眼前就是德拉河谷的向晚日落（真有文藝氣息！）。巴士上（不幸和瑪麗同行）的旅伴有破鑼嗓歌唱大賽冠軍，有推銷高手（當然不買！），大夥兒頭上的帽子都印著相同的廣告標識，總之，這些人全是各行各業的「菁英人士」。但瑪麗無所謂，她總算夢想成真。她握住雷昂的手，享受周遭的一切（指的當然是巴士外的世界）。

在摩洛哥的最後一天晚上，他們伯伯人的帳棚裡享用吃到飽的當地食物，同車旅客的表現依然不改……瑪麗有些哽咽，他們馬上要回到現實生活當中了，無論如何，她還是想去廚房幫點忙。她端了精心料理的塔吉鍋來到桌邊，發現大家全紅著臉，「因為免費所以喝多了」。美味的料理為她贏來掌聲。「好啦，瑪麗教教我……」這道塔吉料理成了她的拿手菜，回程的包機上，大家聊的全是塔吉鍋。

於是，原本在廚房裡無足輕重的瑪麗寫下自己的歷史。

11 nov
牛肉塔吉鍋

6人份

準備時間20分鐘
烹調時間45分鐘

800g 牛肉丁
4 根芹菜
6 顆熟番茄
1 湯匙番茄糊
1 茶匙摩洛哥哈里沙辛辣醬
6 瓣大蒜
4 顆洋蔥
1 湯匙紅砂糖
1 枝百里香
1 杯波特白葡萄酒
4 湯匙橄欖油
鹽及胡椒
工具：
塔吉鍋

洋蔥去皮切薄，蒜瓣去皮，芹菜切細，番茄切小塊。在塔吉鍋裡加橄欖油，放入牛肉、洋蔥、糖拌炒 5 分鐘。以波特白酒收醬汁。加入所有材料，蓋上鍋蓋，以小火燉煮 45 分鐘。調味。

12 nov

紅蘿蔔湯
6人份

準備時間20分鐘
烹調時間45分鐘

1kg 紅蘿蔔
2 顆洋蔥
1 湯匙糖
30cℓ 液狀鮮奶油
1 湯匙孜然
幾片芹菜葉
鹽及胡椒

紅蘿蔔削皮切塊，洋蔥去皮切薄。將紅蘿蔔、洋蔥、糖、孜然放入深鍋，加入材料2倍份量的水，煮30分鐘＊後打成泥，倒入鮮奶油再煮15分鐘，加入切碎的芹菜葉，調味。

＊火候怎麼控制？讓湯汁慢慢沸滾，要蓋上鍋蓋。

13 nov

雪山蛋白霜
6人份

準備時間20分鐘
烹調時間5分鐘

8 顆蛋
1ℓ 牛奶
1 支香草筴
150g＋150g＋150g 糖
80g 碎榛果

蛋白與蛋黃分開。剖開香草筴取香草籽拌入牛奶中。蛋黃加150g糖打至顏色泛白起泡。牛奶煮沸倒入蛋黃中，以小火煮7到8分鐘，期間需不時攪拌（英式奶醬應煮至足以附著在湯匙凸面的濃稠度）。注意奶醬的溫度不可超過85℃，否則蛋黃凝結＊就慘了！將蛋白打發至尖端挺立，加入150g糖再打3分鐘。
蛋白雪山有2種作法：
1. 將蛋白霜整成繭狀，放入煮沸的牛奶＊＊中煮3到4分鐘。
2. 將蛋白霜放入杯模中，以微波爐加熱約1分鐘（觸感必須硬挺）＊＊＊。
以150g糖煮焦糖，加入碎榛果。將焦糖醬淋在蛋白雪山上，搭配英式奶醬享用。

＊如果蛋黃凝結該怎麼辦？如果真的煮壞，可以在做壞的英式奶醬中加入20cℓ冷的液狀鮮奶油，沒有人會發現的。

＊＊為什麼？用煮沸的牛奶來煮蛋白霜。

＊＊＊這又是為什麼？是另一種作法，比較快，但比較沒味道。

14 nov

烤羊腱
6人份

準備時間20分鐘
烹調時間3小時

6 塊羊腱肉
300g 紅莓豆
200g 洋菇
4 顆洋蔥
6 瓣大蒜
1 把蝦夷蔥
2 片月桂葉
50g 紅葡萄酒
50cℓ 雞架高湯
鹽及胡椒

烤爐預熱至160℃。洋蔥、大蒜去皮切薄，蝦夷蔥大致切碎。洗淨的洋菇剖成4塊。將羊腱肉放入燉鍋中，加入所有材料，淋入紅酒和雞架高湯，調味，加蓋放入烤爐烤3小時左右＊。確認燉鍋中的水份充足（太乾可以加水）。

＊烤羊腱時該注意什麼？不時確認就好，不要翻動腱子肉。

15 nov

生火腿小點
6人份

準備時間20分鐘

6片生火腿
少許時令萵苣 *
200g 康堤乳酪
1 條熟的莫爾托香腸
1 顆白洋蔥
3 湯匙橄欖油
1 部好片 **
1 瓶來自佛朗胥－康堤區阿伯瓦產區的紅酒

* 可以搭配什麼生菜？捲葉萵苣、縮草萵苣，苦白苣（所有冬季時令生菜）。

** 推哪部片？比方1980年代的科幻喜劇《花椰菜湯》（La Soupe aux choux）。

康堤乳酪切長方塊，以橄欖油調味沙拉，洋蔥去皮切成圈，莫爾托香腸切片。以火腿片捲起乳酪、洋蔥圈、香腸和沙拉。按下 DVD 遙控器播放鍵，再按下暫停鍵（因為你忘了開酒），再按下播放鍵，開動啦！

開　　　　關

半熟鮭魚
6人份

16 nov

準備時間30分鐘
烹調時間10分鐘

6塊鮭魚
2 顆紅蔥頭
4 顆柳橙
50g 完整核桃仁
2 茶匙芫荽籽
100g 乾掉的硬麵包
50g 奶油
1 把蒔蘿
鹽及胡椒

紅蔥頭去皮，和麵包、蒔蘿、1茶匙芫荽籽打成泥。加入奶油，調味，抹在鮭魚塊上。烤爐預熱至100℃即可，不需繼續加熱，將鮭魚放置烤爐15分鐘 *。取柳橙果肉，留下其中2顆的皮絲，與核桃仁混合，加入1茶匙芫荽籽。鮭魚在溫度回至室溫時享用，佐柳橙核桃沙拉。

* 為什麼不必繼續加熱？鮭魚可以在烤爐的餘溫中熟化，但不會熟透，這樣才叫半熟！

17 nov

新鮮牛肚 *
6人份

準備時間20分鐘
烹調時間3小時

1kg 汆燙過的牛肚仁 **
1kg 紅蘿蔔
1 束法國香草束
3 顆洋蔥
6 瓣大蒜
1ℓ 蘋果酒
5cl 蘋果白蘭地
1 條綠辣椒
3 湯匙橄欖油
鹽

肚仁 ** 切條，紅蘿蔔去皮切大丁，洋蔥去皮切薄，大蒜去皮拍碎。以燉鍋加熱橄欖油，加入洋蔥、大蒜、牛肚炒 5 分鐘。淋入蘋果白蘭地，燒去酒精。淋入蘋果酒、紅蘿蔔、香草束，蓋上鍋蓋以小火燉煮 3 小時（視情況決定是否該加水）。上桌前以鹽和預先切碎的辣椒調味。

* 為什麼「新鮮」？該是自己料理牛肚的時候了。牛肚容易冷凍保存，放棄不好吃的罐頭吧，自己來料理新鮮牛肚。

** 除了肚仁之外，還有別的部位可以用嗎？厚頭、百葉也可以用來料理出美味的牛肚料理。

牛蹄帽　　　　驢蹄帽

矮牆

18 nov

紅酒醬雞蛋*

6人份

準備時間15分鐘
烹調時間30分鐘

12 顆蛋
200g 煙燻五花肉丁
12 根大頭蔥白
12 個洋菇
6 瓶剛上市的薄酒萊紅葡萄酒
6 枝蝦夷蔥
10cl 葡萄酒醋
1 茶匙麵粉
50g 奶油
鹽及胡椒

附註：其他幾瓶薄酒萊紅酒直接喝就，千萬別浪費。

*紅酒醬（meurette）這個名字怎麼來的？這個字來自meurot，是勃艮地葡萄農住家房舍門階旁有遮蔭的矮牆。到了夏季，這道矮牆周邊常兼做廚房。

**為什麼要加醋？該凝結的蛋白才不會散開。

11 月第 3 個星期四是每年薄酒萊新酒上市的日子。既然說到薄酒萊，就不能不提紅酒料理。我們要以莊嚴的態度來慶祝這一天，還要狂慶一整天！於是我們決定做一道紅酒醬雞蛋（別惹勃艮地人不開心）。洋菇剖成 4 塊。拌炒培根、大頭蔥白和洋菇。加入麵粉煮 2 分鐘，淋入 75cl 薄酒萊紅酒，繼續煮 30 分鐘。調味。雞蛋放入加了醋的水 ** 中煮 3 到 4 分鐘。上桌前，將 50g 冷奶油放入紅酒醬汁中煮沸，記得一邊攪拌。以紅酒醬佐雞蛋，撒上蝦夷蔥。

19 nov

烤豬肉

6人份

準備時間20分鐘
烹調時間1.5小時

1 塊 1.2kg 用來烤的梅花肉
4 顆洋蔥
1 湯匙孜然
1 茶匙埃斯佩萊特辣椒粉
300g 栗子
100g 乾燥牛肝蕈
30cl 小牛肉高湯
50g 奶油
葵花籽油
鹽之花

烤爐預熱 160℃。豬肉以葵花籽油將表面煎至金黃後，不加蓋烤 1 小時，期間不時以小牛肉高湯澆淋。牛肝蕈浸泡熱水 10 分鐘。洋蔥切薄。以奶油拌炒洋蔥、栗子和牛肝蕈，加入辣椒粉、孜然、小牛肉高湯 *。將高湯醬汁淋在烤肉上，再以 160℃ 繼續烤 30 分鐘。以鹽之花調味。

*我祖母也經常用小牛肉高湯……這材料是不是有點過時？才不！小牛肉高湯是廚房裡不可或缺的材料，是許多醬汁的基礎……

20 nov

燴羊肉

6人份

準備時間20分鐘
烹調時間2小時

1kg 羊頸肉
1kg 馬鈴薯（例如 BF15 品種）
1 束法國香草束
4 瓣大蒜
1 湯匙麵粉
鹽及胡椒

洋蔥、大蒜、馬鈴薯去皮。馬鈴薯對切，大蒜、洋蔥切薄。將羊肉、洋蔥、大蒜放入大燉鍋，以橄欖油拌炒 10 分鐘左右。加入麵粉繼續煮 5 分鐘。加入羊肉份量 2 倍的水，蓋上鍋蓋，放入香草束，以小火燉煮 1.5 小時。放入馬鈴薯 *，再煮 30 分鐘，調味。

**為什麼最後才放馬鈴薯？肉越煮越軟嫩，時間必須夠久；馬鈴薯最後才放進去煮，否則會過爛。

（◎譯註：法文小扁豆與鏡片寫法皆為lentille）

21 nov

小扁豆薄鹽肉*
6人份

準備時間20分鐘
烹調時間30分鐘

1kg 薄鹽豬腩肉
1 條莫爾托香腸
200g 煙燻五花肉丁
3 枝韭蔥
300g 普宜地區特產的綠色小扁豆
2 條紅蘿蔔
1 束法國香草束
1 顆塞3顆丁香的大頭蔥白
1 顆洋蔥
鹽及胡椒

紅蘿蔔去皮切丁。大頭蔥白切薄。將豬肉、香腸、五花肉、預先塞了丁香的洋蔥、韭蔥和香草束放入大鍋水中，煮 1 小時。放入小扁豆後再煮 20 分鐘。瀝乾所有材料。將小扁豆放入深盤，淋上少許煮肉的高湯，如有需要可調味，最後擺上肉、香腸、韭蔥，撒入大頭蔥白。

＊菜名怎麼來的？我們用的都是鹽漬豬肉（鹽漬是最好的保存方式）。

烤豬腳*
6人份

準備時間20分鐘
烹調時間2.5小時

3 塊豬腳
1 束法國香草束
1 顆紫甘藍
150g 煙燻培根丁
3 顆大頭蔥白
80g 薄鹽奶油
2 湯匙栗子蜜
鹽之花

22 nov

紫甘藍切絲。大頭蔥白去皮切薄。豬腳和香草束、紫甘藍一起放入裝了大量水的燉鍋中以小火沸滾 2 小時。紫甘藍瀝乾。豬腳放入烤盤，撒鹽之花淋蜂蜜。放入烤爐以 180℃ 烤 20 分鐘，期間不時澆淋蜂蜜。五花肉丁與大頭蔥白拌炒 5 分鐘，放入紫甘藍小火煮 10 分鐘，加入切丁的冷奶油之後打成泥，調味作為豬腳佐料。

＊烤豬腳和烤鴨一樣嗎？不一樣，烤鴨用了醬油和各種香料。

23 nov

小牛頭肉
6人份

準備時間20分鐘
烹調時間3小時

1 塊處理好，即可烹調的小牛頭肉（含牛舌）*
6 條紅蘿蔔
6 顆金黃色蕪菁
6 顆紅皮馬鈴薯
3 根韭蔥
1 顆預先塞3顆丁香的大頭蔥白
1 束法國香草束
3 顆蛋
1 把扁葉巴西里
鹽之花

＊這究竟是什麼東西？肉販最喜歡客人買小牛頭肉，這就像你從雪鐵龍（Citroën）升級到捷豹（Jaguar）。我們要煮的是捲起來的小牛頭肉（含牛舌在內）。講究一點的人會連腦一起吃，但我得承認，要我連小牛在想什麼都吃下去？我實在辦不到。

所有蔬菜削皮。韭蔥切成 2 段，以水沖洗。小牛頭肉和塞了丁香的大頭蔥白、韭蔥、香草束放進大鍋水中煮 2.5 小時。加入紅蘿蔔、蕪菁，繼續煮 30 分鐘。準備白煮蛋（煮 10 分鐘），剝殼。巴西里大致切碎。牛頭肉切片，搭配蔬菜和少許煮肉的高湯，撒上壓碎的白煮蛋和碎巴西里葉，即可享用。以鹽之花調味。

24 nov

小牛腰子
6人份

準備時間20分鐘
烹調時間15分鐘

2 塊小牛腰子
（挑白一點，乾淨一點的）
6 條紅蘿蔔
200g 櫻桃番茄
1 條小黃瓜
1 把櫻桃蘿蔔
1 茶匙普羅旺斯香料
1 杯小牛肉高湯
2 顆洋蔥
鹽及胡椒

切掉腰子的油脂，撕下外層薄膜，取掉筋膜，調味後放在保鮮膜上，蓋上另 1 片保鮮膜，以擀麵棍壓平至 1cm 左右厚度厚，拿起包住腰子，再用細繩捆起 *。洋蔥去皮切薄，紅蘿蔔、小黃瓜去皮切成小棍棒狀。以烤盤煎出腰子多餘的油脂，放入蔬菜、普羅旺斯香料，將所有材料表面煎成金黃色。最後加入小牛肉高湯和櫻桃番茄。以180℃烤15分鐘。

＊為什麼要用剛切下來的油脂包住腰子？
切掉油脂時，同時也會切掉腰子一層表皮，而這層皮去掉之後，我們可以把腰子包回油脂裡。

26 nov

炸馬鈴薯
6人份

準備時間20分鐘

1kg 馬鈴薯
炸馬鈴薯用的油

炸馬鈴薯有各種方式，可以將馬鈴薯切成薯條，放入加鹽的溫水 * 中泡 10 分鐘，瀝乾。油鍋加熱至 140℃，放入薯條炸 6 分鐘，瀝掉多餘的油。享用前，再次放入 180℃的油鍋 ** 炸 2 到 3 分鐘。

薯餅：馬鈴薯刨成絲後立刻放入不沾鍋整理成 1 個圓餅或幾個小圓餅形狀，上下兩面各以油煎 3 分鐘。

安娜薯餅：馬鈴薯切絲，以清水沖洗 ***，瀝乾後以澄清奶油 **** 煎出金黃色澤。

麥桿馬鈴薯：馬鈴薯刨絲，以大量清水沖洗掉澱粉質，如此一來薯絲在處理過程中不會互相沾黏。滴水後吸乾水份，放入 180℃的油鍋中炸出金黃色澤。

炒馬鈴薯：馬鈴薯切丁，沖洗後放入鍋中，以 1/2 奶油混合 1/2 油拌炒。

25 nov

蔬菜雞肉湯*
6人份

準備時間20分鐘
烹調時間40分鐘

6 片雞胸肉
6 條紅蘿蔔
1 顆茴香球莖
3 顆洋蔥
1 湯匙普羅旺斯香料
3 湯匙橄欖油
20cl 麝香白葡萄酒
1 把芫荽
鹽及胡椒

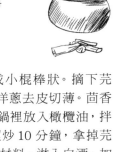

＊為什麼要用加鹽的溫水？泡去薯條的澱粉質，而且可以軟化。

＊＊為什麼要炸2次？
1次是炸熟，第2次是炸出酥脆的口感。

＊＊＊沖水有什麼作用？洗去澱粉質。

＊＊＊＊澄清奶油是什麼？奶油融化後先放置，取用上層純淨的奶油脂肪，留下牛奶的固形物質。

紅蘿蔔去皮切成小棍棒狀。摘下芫荽葉，留下莖。洋蔥去皮切薄。茴香球莖切片。在燉鍋裡放入橄欖油，拌炒洋蔥和芫荽莖炒 10 分鐘，拿掉芫荽莖。加入所有材料，淋入白酒，加水蓋住材料，調味，蓋上鍋蓋，以小火燉煮30分鐘。撒上切碎的芫荽葉。

＊蔬菜牛肉湯和蔬菜雞肉湯究竟有什麼差別？用的葡萄酒不一樣，而且用雞胸肉比較省時！

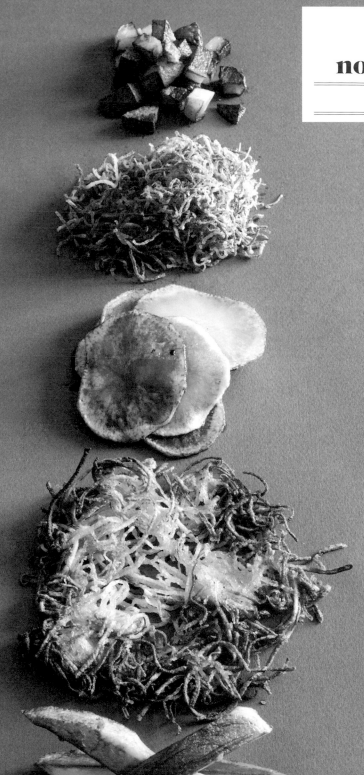

27 nov

北歐醃漬鮭魚 *
6人份

Flürtblucîhtrhürt

準備時間10分鐘
放置48小時

鮭魚：
800g 紅標履歷鮭魚片（取厚一點的帶皮魚片）
4 湯匙粗鹽
2 湯匙粗磨胡椒
2 湯匙糖
1 把蒔蘿
10cl 琴酒
醬汁：
2 湯匙 Savora 芥末醬
1 湯匙白醋
1 茶匙糖
15cl 葵花籽油
1 把蒔蘿

✱北歐醃漬鮭魚的名字怎麼來的？這個作法起源於瑞典，意思是唏哩呼嚕，照字面翻譯是：「哇你的蒔蘿醃漬鮭魚佐芥末醬真是太好吃了。」

取掉鮭魚刺。蒔蘿切碎。將鮭魚放在盤中，魚肉面抹粗鹽，撒上胡椒、糖、蒔蘿和琴酒後，放入冰箱冷藏48 小時，期間不時倒掉鮭魚肉流出來的水份。將鮭魚擦乾，切成薄片。混合芥末醬、白醋、糖、切碎的蒔蘿，加葵花籽油慢慢打勻。以烤麵包墊鮭魚，淋上蒔蘿醬汁。

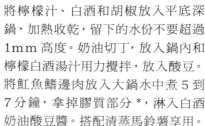

28 nov

酸豆魟魚翼
6人份

準備時間20分鐘
烹調時間10分鐘

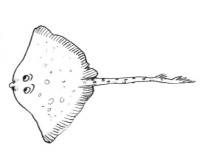

6 份魟魚鰭邊肉
1 杯白葡萄酒
少許白胡椒
1 顆檸檬榨汁
100g 薄鹽奶油
80g 大顆酸豆

將檸檬汁、白酒和胡椒放入平底深鍋，加熱收乾，留下的水份不要超過1mm 高度。奶油切丁，放入鍋內和檸檬白酒湯汁用力攪拌，放入酸豆。將魟魚鰭邊肉放入大鍋水中煮 5 到7 分鐘，拿掉膠質部分 *，淋入白酒奶油酸豆醬。搭配清蒸馬鈴薯享用。

*附著在魟魚身上的天然膠質。

29 nov

蔬菜鮭魚湯
6人份

準備時間20分鐘
烹調時間50分鐘

800g 新鮮鮭魚
6 顆金黃色蕪菁
3 條紅蘿蔔
3 根檸檬草
1 束法國香草束
2 瓣大蒜
1 顆檸檬
3 湯匙橄欖油
鹽及胡椒

取掉魚刺後，將鮭魚切成大塊。大蒜、洋蔥去皮切薄。紅蘿蔔去皮剖半，蕪菁去皮切片。檸檬草切碎，刮下檸檬皮絲。以橄欖油拌炒 10 分鐘洋蔥和大蒜，淋入 1l 水，放入檸檬草、香草束和檸檬皮絲，煮 30 分鐘後以尖椎過濾器濾出高湯，將蕪菁和紅蘿蔔放入高湯中煮 15 分鐘。加入鮭魚塊，調味，立刻享用 *。

✱鮭魚不必煮嗎？鮭魚放入湯裡立刻享用，因為鮭魚內生外熟最好吃。

瑪麗 & 雷昂

週一麵餃，
週二麵餃，
週六睡個好覺。

廚藝乏善可陳的瑪麗‧瓦許果嫁給老饕雷昂之初，星期日總愛賴床，躺在她興致勃勃的男人身邊。週日的午餐因而經常變成午茶，讓處於青春期而老是肚子餓的凱文大失所望。瑪麗進退兩難，不知該爬出溫暖的被窩填飽兒子的肚子，還是留在床上，依著她男人堅實的肩膀。於是她提早準備一些小東西給兒子墊墊肚子，把麵條、肉、蔬菜全混在一起，放在廚房的冰箱裡。如此一來，凱文能高高興興地為自己準備營養均衡的一餐，而瑪麗也能心安理得地和她的雷昂一起賴在床上。就因為這樣，在廚房裡毫無用武之地的瑪麗因此寫下自己的歷史。

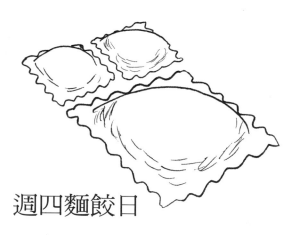

週四麵餃日

30 nov

自己煮義大利麵餃
6人份

準備時間1小時
烹調時間5分鐘

300g 麵粉
1 顆蛋
4 個蛋黃
1 湯匙橄欖油
用來撒在工作檯上的麵粉
工具：
製麵機或撖麵棍

麵粉過篩，堆在工作檯上，將蛋、額外的蛋黃、橄欖油放在麵粉堆中間，揉出均勻的麵糰。麵糰放入製麵機，壓出麵皮（或是用撖麵棍盡量壓薄）。將麵皮疊在一起，同樣的過程操作 3 次，每次都要撒點麵粉＊。在撖平的麵皮上放小堆的少量餡料，在餡料四周塗上蛋黃後，以另一層麵皮蓋住壓緊，用小模子壓出麵餃形狀。將麵餃＊＊放入沸水中煮 2 分鐘。

＊ 撒麵粉有什麼作用？麵皮會更紮實而且不黏糊。

＊＊如何保存麵餃？撒少許麵粉，放入密閉（要小心濕氣）的玻璃保鮮盒裡冷藏可以保存幾天。

餡料：
1. 混合 200g 以奶油軟化的菠菜、100g 瑞可達乳酪和 1 顆洋蔥。
2. 混合 100g 南瓜泥和 1 片松露。
3. 混合 100g 絞肉、50g 刨絲的康堤乳酪和 1 顆洋蔥。
4. 混合 100g 切碎的火腿和 50g 新鮮羊乳酪。

December

時令蔬果
茴香
紅蘿蔔
韭蔥
馬鈴薯
松露
蘋果
芹菜
青芒果
豆芽
花豆
柳橙
柚子

魚貝蝦蟹
鱸魚
螯蝦
小龍蝦
扇貝
魴魚
鮋魚
海膽
灰康吉鰻
各式礁岩魚類
擬鱸

肉類及肉製品
雞肉
新鮮鵝肝
雞胸肉
火鍋用牛肉片
牛腹肉排
白肉腸
鴨油
土魯斯香腸
煙燻培根

乳酪
帕瑪

精緻美食
艾佩特粗麥
栗子樹蜂蜜
肉桂

01	02	03
艾勒瓦	薇薇安	佛朗斯瓦－薩維耶
帕瑪森乳酪香酥魚	傳統口味螯蝦	橙酒舒芙蕾

08	09	10
艾菲	蕾歐卡蒂	蘿瑪麗
松露肥肝湯	黑醋栗肥肝	鮭魚薄餅

15	16	17
尼諾	阿德蕾依	朱德卡伊
松露炒蛋	花豆牛肉	白肉腸佐蘋果紅蘿蔔

22	23	24
薩維雅	阿爾蒙	阿黛爾
去殼小龍蝦（賈各最愛的光屁股小龍蝦）	干貝燉粗麥	聖誕餅乾

29	30	31
愛比蓋兒	羅傑	席維斯特
干貝串	海膽佐蔬菜	光喝不吃

04	**05**	**06**	**07**
芭芭拉	傑哈	尼古拉	安布洛瓦絲
松露馬鈴薯沙拉	白乳酪烤雞	香料蛋糕	松露肥肝片

11	**12**	**13**	**14**
丹妮拉	葛鴻丹	露西	歐蒂兒
辣味番茄螯蝦	螯蝦芒果沙拉	松露雞胸	醬燴小龍蝦

18	**19**	**20**	**21**
卡堤恩	烏爾邦	黛奧菲	伊菲
牛排佐油漬馬鈴薯	韭蔥栗香扇貝	松露生扇貝薄片	白酒香腸

25	**26**	**27**	**28**
諾耶	艾堤恩	祥恩	依諾松
簡易聖誕木柴蛋糕	馬賽魚湯	艷陽塔	椰奶柳橙沙拉

01 02 03 04

01 dec

帕瑪森乳酪香酥魚
6人份

準備時間30分鐘
烹調時間10分鐘

6 片魚片（例如鱸魚 *）
100g 烘焙用杏仁粉
80g 奶油
50g 帕瑪森乳酪
50g＋50g 希臘式黑橄欖
8 顆洋蔥
2 顆茴香球莖
4 湯匙橄欖油
鹽及胡椒

白姑魚與鯛魚

50g 黑橄欖去核，與杏仁粉、奶油、帕瑪森乳酪打成醬。將乳酪奶油醬倒在烤紙上，蓋上第 2 張烤紙，醬汁厚度保持在 5mm。洋蔥去皮切薄，茴香球根切薄。奶油放入不沾鍋中拌炒洋蔥、茴香球莖和剩下的黑橄欖，炒 10 分鐘左右之後調味。魚片蒸 5 分鐘，去掉魚皮，覆上乳酪奶油醬。燒烤 3 到 4 分鐘。佐洋蔥茴香泥享用。

❋ 所謂「例如鱸魚」是什麼魚？白姑魚或鯛魚。

02 dec

傳統口味螯蝦
6人份

準備時間5分鐘
烹調時間10分鐘

3 隻 600g 到 800g 重的活螯蝦 *
3 顆洋蔥
3 條紅蘿蔔
1 根韭蔥
2 湯匙橄欖油

❋ 螯蝦可以冷藏嗎？如果不是現吃，活的螯蝦和黃道蟹最好直接放入冷凍箱。

❋❋ 為什麼要過冰水？龍蝦不會繼續熟化。

蔬菜去皮切細，放入燉鍋以橄欖油拌炒，淋入 3ℓ 水之後煮沸。將活螯蝦固定在木杓上保持蝦身伸展，放入沸水中煮 7 到 10 分鐘之後立刻過冰水 **。螯蝦剖半，敲碎大螯。淋上少許橄欖油，加一片檸檬和少許鹽之花。

03 dec

橙酒舒芙蕾
6人份

準備時間20分鐘
烹調時間7到8分鐘

25cl 牛奶
30g 麵粉
20g 玉米粉
50g＋85g 糖
4 湯匙柑曼怡香橙干邑甜酒
2＋3 顆蛋
30g 奶油
1 支香草莢
工具：
6 個小杯模

香草莢剖半，刮出香草籽拌入牛奶中一起煮沸。混合 2 個蛋黃、麵粉、50g 糖和玉米粉，加入牛奶後以小火煮 5 分鐘，期間需一邊攪拌。3 顆蛋的蛋黃、蛋白分開。打發 3 個蛋白，加入 85g 糖後繼續打 5 分鐘，打至蛋白霜的硬度。依序將 3 個蛋黃、橙酒和蛋白霜拌入放涼的麵糊中。杯模先抹上奶油，倒入約 2/3 容量的舒芙蕾材料，放入預先加熱至 220℃的烤爐烤 7 到 8 分鐘。立刻享用 *。

❋ 加了橙酒就要燒掉酒精，不是嗎？在這道配方當中，我們不必稍掉橙酒的酒精，要完全使用。

04 dec

松露馬鈴薯沙拉
6人份

準備時間10分鐘
烹調時間15分鐘

600g 紅皮馬鈴薯
1 顆松露（黑白皆可）
2 湯匙濃縮液狀鮮奶油
1 湯匙橄欖油
研磨胡椒
鹽之花
工具：
松露刨刀

將馬鈴薯放入滾水中煮 20 分鐘左右，不要煮到太鬆軟。以松露刨刀＊將松露刨成薄片。混合鮮奶油、橄欖油、鹽之花和胡椒，調味。以鮮奶油醬汁淋在溫的去皮馬鈴薯上，撒上松露薄片。

＊用松露刨刀可以刨出薄片。松露香味濃郁但也貴，不必放太多。

05 dec

白乳酪烤雞
6人份

準備時間20分鐘
烹調時間50分鐘

1 隻雞
200g 白乳酪
4 顆紅蔥頭
1 把蒔蘿
1 湯匙杜松子
6 瓣大蒜
3 湯匙橄欖油
鹽及胡椒

烤爐預熱至 160℃。紅蔥頭去皮切碎，1/2 把蒔蘿切碎。將紅蔥頭、蒔蘿拌入白乳酪中，加入橄欖油，調味。將白乳酪醬填入雞肚。雞肉放在烤盤上，撒大致壓碎的杜松子，放入蒜瓣、1/2 把蒔蘿，調味，放入烤爐烤 50 分鐘＊。

＊烤出來的雞肉口感略酥，而白乳酪讓雞肉更嫩。

06 dec

香料蛋糕
6人份

準備時間15分鐘
烹調時間1小時

1 顆蛋
125g 糖
350g 栗子蜜
125g 奶油
20cℓ 牛奶
500g 麵粉
1 顆檸檬的皮絲
1 茶匙薑粉＊
1 茶匙茴香粉
1 茶匙小蘇打＊＊
1 湯匙橙花水
1 湯匙冰糖

＊香料蛋糕還能用哪些香料？可以加肉桂和任何你喜歡的香料。

＊小蘇打粉的作用？
小蘇打粉扮演化學發粉的角色，沒有殘味，而且讓香料蛋糕看起來更質樸。

烤爐預熱至 160℃。蛋加糖打發至泛白起泡。將蜂蜜加入牛奶中加熱，加入蛋汁混合。加入軟化的奶油、過篩的麵粉、小蘇打粉、所有香料和檸檬皮絲。蛋糕模先抹奶油和麵粉，倒入材料後撒上冰糖，放入烤爐以 160℃烤 1 小時。

07 dec 松露肥肝片

6人份

準備時間10分鐘

400g 特級新鮮肥肝
50g 榛果
1 顆松露
少許埃斯佩萊特辣椒粉
2 湯匙橄欖油
1 湯匙波特白葡萄酒
鹽之花

松露切成薄片。肥肝切薄片後鋪在盤子上。撒上壓碎的榛果，以辣椒粉、鹽之花調味，佐少許橄欖油和波特白酒 *。

✱ 怎麼享用？ 肥肝冰涼最好吃。

諂出去了，

肥肝萬歲

08 dec 松露肥肝湯

6人份

準備時間20分鐘
烹調時間20分鐘

300g 新鮮肥肝
1 顆松露
200g 酥皮
2 條紅蘿蔔
1 枝芹菜
3 顆洋蔥
80cℓ 雞架高湯
50g 奶油
1 個蛋黃
鹽及胡椒

洋蔥和紅蘿蔔去皮切丁，芹菜切細。以奶油拌炒蔬菜 10 分鐘左右，淋入雞架高湯後煮 20 分鐘。肥肝、松露切丁，平均分配，放入 6 個杯模中。將蔬菜高湯倒入杯模，2/3 滿即可。攤開酥皮，切出比杯模大 1cm 的大小。杯模邊緣沾溼，蓋上酥皮 *，為了烤出金黃色的酥皮所以塗上蛋黃。放入烤爐中以 180℃ 烤 15 分鐘。直接享用。

✱ 這道湯是誰發明的？ 是名廚博古斯（Paul Bocuse）特別為前總統季斯卡（Valérie Giscard d' Estaing）精心製作，所以這道湯又叫作「VGE湯」。我們重新詮釋這份原創食譜。

09 dec 黑醋栗肥肝

6任份

準備時間20分鐘
烹調時間20分鐘

1 葉特級肥肝 *
3 顆青蘋果（老奶奶史密斯）
20cℓ 黑醋栗利口酒
1 湯匙綜合胡椒粒
鹽之花

蘋果削皮後對切，取掉果核。肥肝切成 6 厚片。將黑醋栗利口酒倒入煎鍋煮蘋果，以小火煮 10 分鐘左右，期間不時將蘋果翻面，不要煮軟。以不沾鍋煎肥肝，每面煎 1 分鐘，煎好放在吸油紙上。以胡椒、鹽之花為肥肝調味，每片各放半個蘋果，淋入少許黑醋栗利口酒醬汁。

✱ 肥肝該怎麼選？ 最常見的肥肝是鴨肝。挑特級品，重量約400g到500g，顏色應該是淺灰褐色，沒有斑點，摸起來軟但有彈性。這樣的肥肝在烹煮時只會流失少許油脂。

10 dec 鮭魚薄餅

6人份

準備時間20分鐘
放置1小時
烹調時間5分鐘。

1 份燻鮭魚（顏色不
250g 麵粉
100g 蕎麥麵粉
120g 奶油
15g 泡打粉
2 顆蛋
40cl 牛奶
10cl 液狀鮮奶油

小麥　蕎麥

小麥麵粉、蕎麥麵粉都過篩＊。牛奶回溫，加入泡打粉混合。奶油加熱融化。將蛋打入麵粉中，加入融化的奶油、液狀鮮奶油和牛奶。麵糊在室溫放置 1 小時，體積應該膨脹至原來的 2 倍。煎鍋裡放油，倒入少許麵糊餅，每面煎 2 到 3 分鐘。起鍋後加少許鮮奶油、檸檬……搭配香檳，立刻享用。

＊為什麼要用2種不同的麵粉？蕎麥麵粉用來補足傳統麵粉，除了讓餅的質感更粗厚之外，還有少許酸味。

11 dec 辣味番茄螯蝦

6人份

準備時間30分鐘
烹調時間30分鐘

3 隻活螯蝦
6 顆番茄
10cl 白葡萄酒
20cl 液狀鮮奶油
1 根鳥眼椒
30g 生薑
1 根芹菜
2 顆紅蔥頭
2 瓣大蒜
2 湯匙橄欖油

紅蔥頭去皮切薄；芹菜、鳥眼椒（辣椒籽要先刮掉＊）切細；生薑削皮切碎；番茄去皮取果肉，所有處理過的材料放入煎鍋裡以橄欖油拌炒，以白酒收醬汁，煮 10 分鐘。活螯蝦放入沸水中煮 7 分鐘。摘下蝦頭，取出膏黃加入番茄糊中，加入液狀鮮奶油煮 5 分鐘後將番茄糊打成濃湯。以刀子切入蝦殼關節處＊＊將螯蝦切段，大螯剁殼。放入加了辣椒的番茄湯中加熱。

＊為什麼要刮掉辣椒籽？免得徹夜站在桌上又唱又跳。

＊＊簡單嗎？要仔細一點，要瞄準蝦殼的關節。

12 dec 螯蝦芒果沙拉

6人份

準備時間20分鐘
烹調時間10分鐘

3 隻活螯蝦
150g 新鮮豆芽
1 顆青芒果＊
3 根蒔蘿
1 湯匙番茄醬
1 瓣大蒜
3 湯匙橄欖油

活螯蝦放入沸水中煮 7 分鐘。摘下蝦頭，取出膏黃＊＊，取下螯蝦肉。大蒜去皮切碎，放入橄欖油中爆香，加番茄醬、螯蝦膏黃煮 2 分鐘，打成醬。芒果削皮切成小棍棒狀。螯蝦肉塊、豆芽、芒果擺盤，以蝦膏黃醬調味，撒上切碎的蒔蘿。

＊青芒果是什麼水果？是還沒熟透的芒果，比較酸，適合用在鹹的料理中。

＊＊簡單嗎？為什麼要取下膏黃？用湯匙是刮出龍蝦頭裡的膏黃，可以用來為醬汁調味。

13 dec 松露雞胸

6人份

準備時間20分鐘
放置10分鐘
烹調時間10分鐘

6 片土雞雞胸肉
3 根韭蔥
1 顆松露
3 顆馬鈴薯
20cl 雞架高湯
20cl 液狀鮮奶油
橄欖油
鹽及胡椒

前一天先將 1/2 顆松露切成薄片。每片雞胸肉切 5 道切口，各塞入 1 片松露。調味後，用保鮮膜包住，放入冰箱冷藏 24 小時。另外 1/2 顆松露泡入液狀鮮奶油中。韭蔥切細，以橄欖油拌炒 10 分鐘，淋入 3ℓ 水，滾煮 30 分鐘。馬鈴薯刨絲，調味，1/2 顆松露切碎，拌入馬鈴薯絲。馬鈴薯絲放入不沾鍋以橄欖油煎成薯餅 *。雞肉包著保鮮膜 ** 以水煮 7 分鐘。雞架高湯加熱，放入最後 1 片松露和液狀鮮奶油，調味。松露雞肉淋上松露鮮奶油醬，搭配薯餅享用。

＊薯餅怎麼做？用手捏嗎？把馬鈴薯鋪在煎鍋底，像煎薄餅一樣煎，差別是薯餅比較厚。

＊＊為什麼不拿掉保鮮膜？可以保持住形狀，這麼一來，雞肉也不會吸收水份。

14 dec 醬燴小龍蝦

6人份

準備時間20分鐘
烹調時間5分鐘

18 尾小龍蝦 *
3 顆紅蔥頭
1 顆松露
幾片扁葉巴西里葉
4 湯匙橄欖油
鹽及胡椒

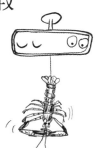

＊小龍蝦該怎麼挑？用聞的，怎麼樣，這點子不錯吧。小龍蝦很嬌貴，若不新鮮，容易有股讓人不舒服的阿摩尼亞味。挑大一點的（寧可挑3尾大的也勝過6尾小的），顏色粉嫩，蝦殼要硬。

小心取下小龍蝦肉。松露切成薄片。紅蔥頭去皮切薄，以橄欖油拌炒 5 分鐘，放入小龍蝦拌炒 1 分鐘。鍋子離火，放入松露片、巴西里葉，調味後立刻享用。

15 dec 松露炒蛋

6人份

準備時間20分鐘
放置24小時
烹調7分鐘

6 顆蛋
1 顆松露
20cl 液狀鮮奶油
2 湯匙橄欖油
鹽及胡椒

前一天或前兩天先將松露和雞蛋放進密閉保鮮盒裡 *。盡可能小心地取下蛋殼頂，清洗空蛋殼。松露切碎。打勻蛋汁，加入鮮奶油和 1/2 松露。橄欖油放入後底深鍋加熱，以小火炒蛋。離火前加入另外 1/2 松露。將炒蛋放入洗淨的蛋殼裡，立刻享用。

＊這有什麼作用？雞蛋會吸收松露散發出來的香味。

16 dec

花豆牛肉
6人份

準備時間20分鐘
浸泡時間24小時
烹調時間1.5小時

300g 火鍋用的牛肉 *
1 束法國香草束
1 根芹菜
300g 花豆
6 顆洋蔥
1 條小辣的青辣椒
200g 自製番茄醬（冷凍庫裡應該還有夏天做的番茄醬）
3 湯匙番茄醬
1 杯白葡萄酒
1 片月桂葉
1 湯匙乾燥百里香
Tabasco 辣椒醬

前一天將花豆泡冷水。洋蔥去皮切薄，辣椒、芹菜切細。牛肉切丁。花豆、香草束放入大鍋水中煮 1 小時，瀝乾。拌炒洋蔥、牛肉、芹菜和辣椒，加入兩種番茄醬，倒入燉花豆的鍋中，加入百里香、月桂葉和白酒煮 30 分鐘，加鹽和辣椒醬調味。

✱火鍋用的牛肉是哪個部位？帶油花的肉片，或是後腿肉。

17 dec

白肉腸佐蘋果紅蘿蔔
6人份

準備時間10分鐘
烹調時間20分鐘

6 條白肉腸 *
2 顆青蘋果（老奶奶史密斯）
2 條紅蘿蔔
2 顆洋蔥
2 顆馬鈴薯（例如 BF15 品種）
1 茶匙小茴香籽
80g 奶油

洋蔥去皮切薄。馬鈴薯、紅蘿蔔削皮切成圓片，放入沸水煮 10 分鐘。蘋果切片取掉果核。奶油放入煎鍋中加熱融化，放入洋蔥、白肉腸，將肉腸表面煎成金黃色，取出後保溫。將蔬菜、蘋果放入煎肉腸的鍋中，加洋蔥拌炒，撒入芫荽籽，調味。

✱白肉腸是什麼？以和鮮奶油、牛奶調製白肉（小牛肉、豬肉、禽肉）為基礎的熟肉腸。

18 dec

牛排佐油漬馬鈴薯
6人份

準備時間10分鐘
烹調時間25分鐘

6 塊牛腹肉排
6 顆馬鈴薯
500g 鴨油
50g 奶油
2 顆紅蔥頭
1 把扁葉巴西里
鹽之花、研磨胡椒

切去牛腹排的油 *，紅蔥頭、馬鈴薯切薄。以鴨油煎馬鈴薯，開小火煎 20 分鐘左右（至刀尖可以刺穿的程度）後，將馬鈴薯切塊。紅蔥頭、扁葉巴西里切碎。以奶油煎牛肉，每面煎 3 分鐘，保溫 **。以煎牛肉的鍋子將馬鈴薯塊表面煎成金黃色，調味。在牛排上撒紅蔥頭和扁葉巴西里，以鹽之花和研磨胡椒調味。

✱牛腹排去油？切掉附著在牛肉的筋油。

✱✱怎麼保溫？包上鋁箔紙，放在烤箱口。

19 dec

韭蔥栗香扇貝
6人份

準備時間15分鐘
烹調時間20分鐘

18 顆扇貝
2 根韭蔥
400g 真空包裝即食栗子
3 根大頭蔥白
30g 生薑
20cl 白葡萄酒
20cl 液狀鮮奶油
3 湯匙橄欖油
鹽及胡椒

貝卵

取下貝卵 *。韭蔥切成 2 段，以大量
清水沖洗後再切細。大頭蔥白帶蔥
綠一起切細。大蒜去皮拍碎，生薑
去皮切碎。以橄欖油起油鍋爆香大
蒜，加入切細的韭蔥、大頭蔥白、生
薑，關小火，燉煮 10 分鐘。加入白
酒和栗子，繼續煮 5 分鐘，加液狀
鮮奶油再煮 5 分鐘，調味。橄欖油
起熱油鍋，將扇貝每面煎 2 分鐘，
搭配燉煮過後的韭蔥栗子享用。

＊取下的貝卵要怎麼
處理？丟掉，或是下
次用。

20 dec

松露生扇貝薄片
6人份

準備時間10分鐘

6 顆扇貝
1 顆松露
1 小條紅蘿蔔
1 茶匙醬油
2 湯匙橄欖油
鹽之花

松露切邊 * 整型，將切下來的邊切
碎。紅蘿蔔削皮切丁，和碎松露混
合。醬油、橄欖油拌勻，加入松露紅
蘿蔔丁。扇貝、松露切薄片，間隔疊
起，淋上松露紅蘿蔔醬汁，以鹽之
花調味。

＊切下來的邊可以調
理醬汁。

21 dec

白酒香腸
6人份

準備時間10分鐘
烹調時間20分鐘

6 條好品質土魯斯香腸
3 顆洋蔥
1 把乾燥鼠尾草
2 片萵苣菜葉片
30cl 白葡萄酒

＊如果享用之前要去
望彌撒怎麼辦？記得
祈禱有人在20分鐘前
預熱烤爐，否則要吃
晚餐之前的開胃菜，
要多等20分鐘。

洋蔥去皮切薄，萵苣菜切細。將香
腸放到烤盤上，鋪上洋蔥、鼠尾
草、萵苣菜，淋入白酒（香腸還沒開始
烤就被酒精燙傷了！），放入烤爐以
180℃烤 20 分鐘，不時為蔬菜添加
水份 *。

去殼小龍蝦（賈各最愛的光屁
股小龍蝦）

22 dec

去殼小龍蝦（賈各最愛的光屁股小龍蝦）

6人份

準備時間1小時
烹調時間1分鐘

18 尾小龍蝦
3 根韭蔥
3 顆洋蔥
1 束法國香草束
3 湯匙橄欖油
自選美乃滋

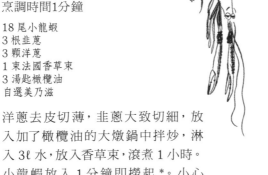

洋蔥去皮切薄，韭蔥大致切細，放入加了橄欖油的大燉鍋中拌炒，淋入 3ℓ 水，放入香草束，滾煮 1 小時。小龍蝦放入 1 分鐘即撈起＊。小心去殼（我們有興趣的部分是尾巴不是頭！），沾檸檬美乃滋享用光屁股小龍蝦。

＊烹煮時要留意：小龍蝦太熟會很韌，原來的口感完全喪失。

23 dec

干貝燉粗麥

6人份

準備時間15分鐘
烹調時間1小時

18 顆扇貝＊
200g 粗麥
1 根韭蔥
2 根大頭蔥白
80g 帕瑪森乳酪
80g 奶油
80g 蔬菜高湯
3 湯匙醬油

韭蔥切細，以大量清水沖洗。大頭蔥白切細。以橄欖油拌炒韭蔥、大頭蔥白，加入粗麥，淋入蔬菜高湯（留下 1 杓高湯備用），以小火煮 1 小時左右。瀝乾粗麥，加入 80g 奶油、1/2 削片的帕瑪森乳酪，調味。以橄欖油熱鍋煎扇貝，每面煎 2 分鐘。取出扇貝，淋入剩下的高湯，加入醬油。將另外 1/2 削片帕瑪森乳酪撒在扇貝上，放入粗麥，以醬油高湯為淋醬。

＊扇貝的季節是什麼時候？從10月1日到4月底。

24 dec

聖誕餅乾

6人份

準備時間30分鐘
放置1小時
烹調時間10分鐘

基本材料：
400g 麵粉
150g 糖
250g 奶油
1 顆蛋
加味香料：
＋100g 烘焙用杏仁粉 ＋1 湯匙肉桂粉 ＋1 茶匙薑粉
＋100g 榛果粉 ＋20g 核桃 ＋20g 榛果
＋20g 白葡萄乾
＋100g 椰子粉 ＋2 湯匙蘭姆酒

＊混合材料時，需要遵守什麼先後順序嗎？隨你的便！

＊＊怎麼保存？放在密閉保鮮盒裡可以保存1星期。

烤爐預熱至 180℃。混合所有材料＊準備出呈均質的麵糰。將不同口味的麵糰以烤紙捲成各人喜好的長條圓形，冷藏 1 小時。將圓形麵糰切成 1cm 厚度，放在烤紙上，放入烤爐以 180℃ 烤 10 分鐘。

瑪麗 & 雷昂

聖誕節的甜蜜陷阱

聖誕節到了，我們歡笑嬉戲，大開玩笑。嫁給老饕雷昂但廚藝乏善可陳的瑪麗·瓦許果可不僅止於此，她是家中的幽默大師。

有人大玩文字遊戲，啊，是瑪麗；乳酪火鍋裡有牙線，喔，是瑪麗；4月1日的基弩阿給凍也是瑪麗的傑作。大夥兒早就領教過瑪麗的惡作劇，聖誕節該怎麼作弄大家呢？一坐就會發出屁響的坐墊曾經風光一時，邊喝邊漏的杯子滴溼過大家的衣服，臭氣瓶毀了去年聖誕。今年我要做個假蛋糕來唬唬我的雷昂。用鬆軟的海綿蛋糕加點巧克力、奶油好了。聖誕夜不開暖氣，而是點木柴起火爐。雷昂彎腰靠向馬槽裡小耶穌的畫作，手一捏，假的木柴（真的蛋糕）就碎了，引來哄堂大笑，這個惡作劇太棒了。雷昂忍不住把手指放到嘴裡開心地舔了起來，其他人原來看好戲的眼神轉變成嫉妒，嗯，真好吃。聖誕節到了，我們歡笑嬉戲，還要再做木柴蛋糕，因為這蛋糕太好吃，可以邊開玩笑邊享用。

於是，最早在廚房裡毫無用武之地的瑪麗流名千古。

25 dec 簡易聖誕節木柴蛋糕

6人份

準備時間20分鐘
烹調時間20分鐘

基本材料：
4 顆蛋
125g 糖粉
125g 麵粉
1 小包香草糖

蛋黃、蛋白分開。蛋黃加糖、香草糖打至泛白起泡。加入過篩的麵粉。蛋白打發成尖端硬挺的蛋白霜，小心拌入蛋黃當中。在烤盤上鋪好烤紙，倒入準備好的材料，放進烤箱以 200℃烤 7 到 8 分鐘，將蛋糕倒扣在溼布上，掀掉烤紙後立刻用溼布捲起。

裝飾蛋糕的 2 種建議：

1. 200g 黑巧克力和80g 奶油隔水加熱融化，加入 20cℓ 打發的鮮奶油，抹在冷卻的蛋糕上，捲起蛋糕，塗抹巧克力醬後撒上糖粉。

2. 混合200g 栗子泥和100g 軟化的奶油，加入 20cℓ 打發鮮奶油，抹在冷卻的蛋糕上，捲起蛋糕，塗抹栗子鮮奶油，後撒上糖粉，放入冰箱冷藏。

✱ 為什麼要用溼布？
方便捲蛋糕。

瑪麗 & 雷昂

天殺的漁夫！

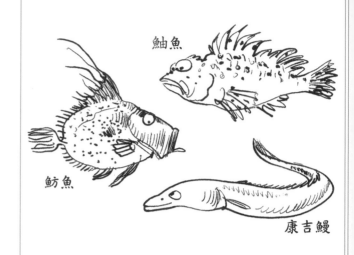

鮋魚

魴魚

康吉鰻

廚藝乏善可陳的瑪麗‧瓦許果嫁給老饕雷昂之初，成天盡是在看一些把社論排在最不起眼位置的雜誌。

因為這項近乎神聖的活動，瑪麗把注意力全放在名流的璀璨世界裡，這些重量級的雅仕名媛讓她差點忘了自己的雷昂。

雷昂是土生土長的馬賽人，有擺脫不掉的口音，命中注定的生活。瑪麗的紅鏽色人造皮椅面對港口哭泣，空蕩蕩的碼頭等待主人歸來。這天，雷昂帶著1公斤礁岩魚類回來，面對慘澹的收穫，他也只能苦笑。瑪麗的笑容裡有藏不住的譏諷，她輕蔑地把漁獲丟進裝滿水的大鍋裡，隨手也扔了香料，煮了2小時之後用攪拌機打勻魚湯，這就夠了吧，再加兩三顆馬鈴薯墊墊肚子……壞事傳千里，很快地，馬賽港邊的人家全聽說了雷昂的遭遇：捕了一整天，只捕到1公斤礁岩小魚！他的好朋友──糟老頭哈伍爾和大個子貝斯來敲雷昂的家門，送來1尾康吉鰻，1尾魴魚和1尾鮋魚，這是漁民之間互助團結的情誼。為了回謝，餐桌邊的人變多了，湯滾了，魚也可以吃了。大夥兒全被這番美味驚呆（你真該看看貝斯的表情！），因為這道神奇的魚湯，他們把瑪麗奉為廚神。神話因此誕生。

因為這個神話，最早在廚房裡毫無用武之地的瑪麗，美名從此萬古流芳。

26 dec 馬賽魚湯
6人份

準備時間1小時
烹調時間2小時

6片康吉鰻
3尾擬鱸
2尾魴魚
2尾鮋魚
1kg 各式礁岩魚類
2根韭蔥
2顆洋蔥
1個蒜球
3根芹菜
1顆茴香球莖
3顆番茄
少許辣椒
少許番紅花
4湯匙橄欖油
6顆馬鈴薯
鹽及胡椒

所有的魚清理洗淨。洋蔥去皮大致切細，大蒜拍碎。番茄切丁，韭蔥、芹菜、茴香球莖切細。用雙耳大燉鍋，以橄欖油將所有蔬菜拌炒10分鐘，加入處理好的礁岩魚類、辣椒和番紅花，加 3ℓ 水燉煮 2 小時。礁岩魚類壓碎，和魚湯一起以尖椎過濾器過濾，調味。馬鈴薯削皮切大方塊，以魚湯煮 10 分鐘。取出馬鈴薯，將其他大小魚以魚湯煮熟。魚湯單獨盛放，魚與馬鈴薯搭配紅鏽醬享用。

27 dec

艷陽塔（真的有需要）

6人份

準備時間20分鐘
烹調時間30分鐘

塔皮：
200g 麵粉
100g 薄鹽奶油
50g 糖
50g 烘焙用杏仁粉
液狀鮮奶油
餡料：
2 顆柳橙
100g 奶油
150g 糖
1 湯匙玉米粉
3 顆蛋
烤爐預熱至 180℃。

混合麵粉、杏仁粉、糖、薄鹽奶油，放在工作檯上，以手掌揉麵糰，加入少許液狀鮮奶油讓麵糰更均質。以保鮮膜包住麵糰，放入冰箱冷藏 1 小時。擀平麵糰鋪入塔模，進烤爐以 180℃烤 15 分鐘。刨下 1 顆柳橙皮絲，2 顆都榨汁。混合糖、奶油、柳橙汁和皮絲，以小火煮 5 分鐘。在蛋汁中加入玉米粉打發，離火加入柳橙奶油，繼續打。將柳橙奶醬淋在塔皮上享用 *。

✱怎麼吃？冰涼吃，奶醬會比較稠。

28 dec

椰奶柳橙沙拉

6人份

準備時間20分鐘

3 顆柚子
4 顆柳橙
2 湯匙蜂蜜 *
20cl 椰奶

柚子、柳橙剝皮，剝掉白皮層，取下果肉。混合椰奶和蜂蜜。混合果肉後，淋上蜂蜜椰奶。需冷藏。

*用哪種蜂蜜？各人喜好不同，但栗子蜜很適合。

29 dec

干貝串

6人份

準備時間10分鐘
烹調時間10分鐘

18 顆扇貝
18 片無骨煙燻培根
80g 奶油

取下扇貝的貝卵 *，以 1 片煙燻培根捲起 1 顆扇貝，以烤肉串串起。放入烤爐，設定燒烤功能，以 200℃每面烤 5 分鐘。奶油加熱煮至榛果色，淋在烤扇貝串上。煙燻培根帶會給扇貝足夠的鹹味。

✱ 為什麼要取下貝卵，又不拿來用？貝卵通常又硬又沒有香味，但我們可以用來為各種醬汁加味。

瑪麗 & 雷昂

城門城門雞蛋糕

在 海風吹拂下，全家人在布列斯特團聚，塔羅牌一玩就是到深夜，啊，能相聚真好。

瓦許果小隊展開朝聖之旅，一一拜訪親朋好友。氣氛：以木柴生火，坐在鄉間質樸的桌邊。衣著：輕鬆舒適。在這種場合，蘋果酒絕對少不了，水手的故事也會不請自來。接著暴雨襲擊，大海波濤洶湧。好戲要上場了，大夥兒找出藍色帽子戴上，咬著煙斗，決定順從大自然的腳步……6人小組負責進攻海膽，這些東西用來防衛的棘刺閃閃發亮，彷彿在陽光下閃爍的寶劍。漲潮了，海水馬上要將我吞噬，我不能動了，救——命——啊——「瑪麗，瑪麗，妳還好嗎？我還以為妳睡著了，什麼也比不上海風，多撿幾個海膽啊！」

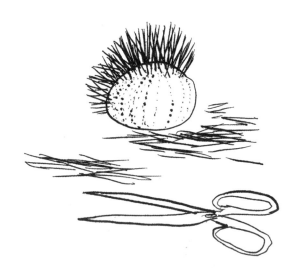

＊棘刺怎麼剪，海膽該怎麼準備？請魚販代為處理。否則就用剪刀剪掉棘刺，再用刀尖刺開海膽殼，再以剪刀剪開海膽殼。

30 dec 海膽佐蔬菜
6人份

準備時間15分鐘
烹調時間10分鐘

18 顆海膽
1 個紅椒
3 根芹菜
3 枝蝦夷蔥
100g 菠菜
3 顆紅蔥頭
10cl 白葡萄酒
15cl 液狀鮮奶油
橄欖油
工具：
中式炒鍋

剪掉海膽的棘刺＊，夏季剛開始時，我們就刺得滿腳都是了。以剪刀將海膽剪成 2 半，取下軟組織和海膽汁一起放在濾網上。蔬菜切丁，放入炒鍋以橄欖油拌炒 5 分鐘，加入海膽汁、白酒，煮 2 分鐘。將蔬菜放在濾網上，將液狀鮮奶油倒入炒材料的湯汁中煮 2 分鐘收汁。在海膽殼裡鋪少許蔬菜，放上海膽，淋上鮮奶油。

瑪麗 & 雷昂

年底與除夕

■■■ 年 又 過 去 ， 新 年 也 跟 著 來 。

埋在衣櫃裡的絲絨蝴蝶結領帶終於重見天日，還好
樟腦丸救了領結一命。白襯衫等著這個蝴蝶結來讓
領尖顯得更完美，今天是除夕夜。宛如6月普羅旺
斯的絲綢花洋裝從塑膠套裡解放出來，飄逸的裙擺
讓人聯想到晚宴，鏤空的鞋子顯然會讓雙腳起水
泡，但這天是除夕。瑪麗和雷昂精心裝扮，穿上「
今天外出用餐」的行頭，這天要上餐廳，我們離開
廚房，關掉瓦斯，把鍋子全拋在腦後。廚房進入休
眠狀況，放假一天。瑪麗和雷昂不夜不歸，要去跳
探戈吃小點心，跳華爾滋吃龍蝦，跳搖滾配閹雞，
跳慢舞配冰淇淋蛋糕⋯⋯凌晨3點，香檳喝完了，
該是回家的時候了。可是⋯⋯我們明天要吃什麼？

31 dec　光喝不吃

我們煮了1整年了，今天要休兵啦。
我們自己邀請自己，自己大吃大喝，
好好享受。來個香檳大盤點！
泳池：
香檳、冰塊、新鮮水果⋯⋯一不小心
就淹沒了。
我的老天爺這不好惹：
1/3 麥卡倫威士忌，2/3 香檳，少許
石榴糖漿。
溫和的湛藍：
1顆檸檬榨汁，1茶匙紅砂糖，香檳。
我會回來：
1/4 君度橙酒（Cointreau），1/4
干邑白蘭地，1/2 香檳。

索引
#1 依材料別
#2 依菜式別

Stéphane Reynaud
365
bonnes raisons
de passer à table...

365個
- 歡喜用餐的 -
好理由

作者———史堤芬·賀諾 Stéphane Reynaud

攝影———瑪麗·皮耶·莫黑 Marie-Pierre Morel

插畫———荷西·雷斯·德瑪托斯 José Reis de Matos

譯者———蘇瑩文

執行長———呂學正

總編輯———郭昕詠

責任編輯———王凱林

行銷經理———叢榮成

排版———健呈電腦排版股份有限公司

社長———郭重興

發行人兼

出版總監—曾大福

出版者——遠足文化事業股份有限公司

地址———231 新北市新店區民權路 108-3 號 6 樓

電話———(02)2218-1417

傳真———(02)2218-1142

電郵———service@bookrep.com.tw

郵撥帳號—19504465

客服專線—0800-221-029

部落格———http://777walkers.blogspot.com/

網址———http://www.bookrep.com.tw

法律顧問—華洋法律事務所　蘇文生律師

印製———成陽印刷股份有限公司

電話———(02)2265-1491

初版一刷　西元 2015 年 7 月

Printed in Taiwan

有著作權　侵害必究

國家圖書館出版品預行編目（CIP）資料

365 個歡喜用餐的好理由 / 史堤芬·賀諾 (Stephane
Reynaud) 文；蘇瑩文翻譯. ──初版. ──新北市:
遠足文化·民 104.07 ──（Master；4）
譯自：365 bonnes raisons de passer a table
ISBN 978-986-91896-1-3（精裝）

1. 食譜 2. 法國

427.12　　　　　　　　　　　104009052